建设工程工程量清单计价与投标详解系列

水暖工程工程量清单计价与投标详解

张俊新　主编

中国建筑工业出版社

图书在版编目（CIP）数据

水暖工程工程量清单计价与投标详解/张俊新主编. —北京：中国建筑工业出版社，2013.12
（建设工程工程量清单计价与投标详解系列）
ISBN 978-7-112-15870-6

Ⅰ.①水… Ⅱ.①张… Ⅲ.①给排水系统-建筑安装-工程造价②给排水系统-建筑安装-投标③采暖设备-建筑安装-工程造价④采暖设备-建筑安装-投标 Ⅳ.①TU723.3

中国版本图书馆CIP数据核字（2013）第221103号

建设工程工程量清单计价与投标详解系列
水暖工程工程量清单计价与投标详解
张俊新 主编
*
中国建筑工业出版社出版、发行（北京西郊百万庄）
各地新华书店、建筑书店经销
霸州市顺浩图文科技发展有限公司制版
北京建筑工业印刷厂印刷
*
开本：787×1092毫米 1/16 印张：12 字数：290千字
2013年11月第一版 2013年11月第一次印刷
定价：**32.00**元
ISBN 978-7-112-15870-6
(24252)

本书以《建设工程工程量清单计价规范》(GB 50500—2013)、《通用安装工程工程量计算规范》(GB 50856—2013)、《中华人民共和国招标投标法实施条例(2012年)》等最新规范、法规、标准为依据，全面地阐述了水暖工程清单计价的编制以及招标投标，并在相关章节的后还增设了例题，便于读者进一步理解和掌握相关知识。

本书适用于水暖工程招标投标编制、工程预算、工程造价及项目管理工作人员使用。

您若对本书有什么意见，建议，或您有图书出版的意愿或想法，欢迎致函289052980@qq. com交流沟通！

责任编辑：岳建光　张　磊
责任设计：张　虹
责任校对：赵　颖　党　蕾

本书编委会

主　编　张俊新

参　编（按笔画顺序排列）

王　林　王小东　史浩江　白雅君

冯　晶　刘　明　孙　翔　杨　琼

肖雨欣　张　萌　姜　琳　贺　楠

夏　洁

前　　言

随着能源、原材料等基础工业建设的发展和建设市场的开放，安装行业不断向前发展。水暖工程作为安装工程的重要组成部分，发展规模不断扩大，建设速度不断加快，复杂性和技术性也不断增加，需要大批具有扎实的理论基础、较强的实践能力的水暖工程建设管理和技术人才。同时，随着与国际市场的接轨，我国的工程造价管理模式也在不断演进，建设工程造价的计价方式也经历了三次重大的变革，从原来的定额计价方式转变为“2003清单计价”，又转换为“2008清单计价”，目前已更新为“2013清单计价”。

全书共分七章，内容包括水暖工程造价的构成与计算、工程量清单计价理论知识、水暖工程清单计价工程量计算、水暖工程计价表格与编制实例、水暖工程清单计价模式下工程招标、水暖工程清单计价模式下工程投标、水暖工程结算的编制与审查。本书内容由浅入深、从理论到实例、涉及内容广泛、编写体例新颖、方便查阅、可操作性强，适用于水暖工程预算、工程造价、工程招标投标编制及项目管理工作人员使用。

限于时间仓促及编者水平，书中难免出现不足之处，恳请广大读者与专家改正和完善。

目　录

1 水暖工程造价的构成与计算

1.1 我国现行工程造价的构成

我国现行工程造价的构成主要包括设备及工器具购置费用、建筑安装工程费用、工程建设其他费用、预备费、建设期贷款利息和固定资产投资方向调节税等几项。具体内容如图 1-1 所示。

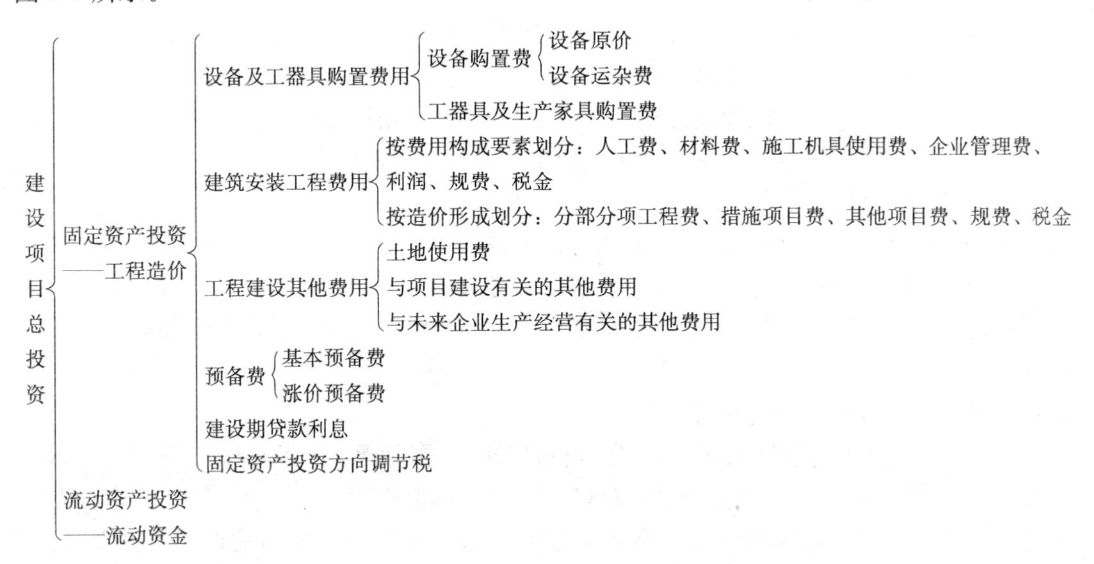

图 1-1 我国现行工程造价的构成

1.2 水暖工程造价费用构成与计算

1.2.1 设备及工器具购置费用

1. 设备购置费

它是达到固定资产标准，为建设工程项目购置或自制的各种国产或进口设备及工、器具的费用。包括设备原价和设备运杂费。设备原价是指国产设备或进口设备的原价；设备运杂费是指除设备原价之外的关于设备采购、运输、途中包装及仓库保管等方向支出费用的总和。

(1) 国产设备原价

国产设备原价是设备制造厂的交货价或订货合同价。它一般根据生产厂或供应商的询价、报价、合同价确定，也可用一定的方法计算确定。国产设备原价分为以下两方面：

1）国产标准设备原价。所谓国产标准设备是按照主管部门颁布的标准图纸和技术要求，由设备生产厂批量生产的，符合国家质量检验标准的设备。其原价是设备制造厂的交货价，也就是出厂价。若设备是由设备成套公司供应，则以订货合同价为设备原价。有的设备有两种出厂价，即带有备件的出厂价和不带有备件的出厂价。在计算设备原价时，一般按带有备件的出厂价计算。

2）国产非标准设备原价。所谓国产非标准设备是国家尚无定型标准，各设备生产厂不可能在工艺过程中批量生产，只能按一次订货，并且根据具体的设计图纸制造的设备。其原价有很多计算方法，如成本计算估价法、系列设备插入估价法、分部组合估价法、定额估价法等。但不管采用哪种方法都应该使非标准设备计价接近实际出厂价，并且计算方法简便。按成本计算估价法，非标准设备的原价由材料费、加工费、辅助材料费（简称辅材费）、专用工具费、废品损失费、外购配套件费、包装费、利润、税金和非标准设备设计费组成。计算公式为：

$$\begin{aligned}\text{单台非标准设备原价}=&\{[(\text{材料费}+\text{加工费}+\text{辅助材料费})\times(1+\text{专用工具费率})\times(1+\text{废品损失费率})+\text{外购配套件费}]\times(1+\text{包装费率})\\&-\text{外购配套件费}\}\times(1+\text{利润率})+\text{销项税金}\\&+\text{非标准设备设计费}+\text{外购配套件费}\end{aligned} \tag{1-1}$$

（2）进口设备原价

进口设备原价是进口设备的抵岸价，通常由进口设备到岸价（CIF）和进口从属费构成。进口设备的到岸价，即抵达买方边境港口或者边境车站的价格。进口从属费用包括银行财务费、外贸手续费、进口关税、消费税、进口环节增值税等，进口车辆还需缴纳车辆购置税。

进口设备到岸价的计算公式如下：

$$\begin{aligned}\text{进口设备到岸价(CIF)}&=\text{离岸价格(FOB)}+\text{国际运费}+\text{运输保险费}\\&=\text{运费在内价(CFR)}+\text{运输保险费}\end{aligned} \tag{1-2}$$

1）货价。通常指装运港船上交货价（FOB）。设备货价分为原币货价和人民币货价，原币货价一律折算成美元，人民币货价按原币货价乘以外汇市场美元兑换人民币中间价确定。进口设备货价按有关生产厂商询价、报价、订货合同价计算。

2）国际运费。指从装运港（站）到达我国抵达港（站）的运费。我国进口设备大部分采用海洋运输，小部分采用铁路运输，个别采用航空运输。进口设备国际运费计算公式如下：

$$\text{国际运费(海、陆、空)}=\text{原币货价(FOB)}\times\text{运费率} \tag{1-3}$$

$$\text{国际运费(海、陆、空)}=\text{运量}\times\text{单位运价} \tag{1-4}$$

其中，运费率或单位运价参照有关部门或进出口公司的规定执行。

3）运输保险费。对外贸易货物运输保险是由保险人（保险公司）与被保险人（出口人或进口人）签订保险契约，在被保险人交付保险费后，保险人根据保险契约的规定对货物在运输过程中发生的在承保责任范围内的损失给予经济上的补偿。计算公式如下：

$$\text{运输保险费}=\frac{\text{原币货价(FOB)}+\text{国外运输费}}{1-\text{保险费率}}\times\text{保险费率} \tag{1-5}$$

其中，保险费率按保险公司规定的进口货物保险费率计算。

4）银行财务费。一般指中国银行手续费，计算式如下：

银行财务费＝人民币货价(FOB)×银行财务费率　　(1-6)

5）外贸手续费。指按对外经济贸易部规定的外贸手续费率计取的费用，其费率一般取1.5%。按下式计算：

外贸手续费＝[装运港船上交货价(FOB)＋国际运费＋运输保险费]×外贸手续费率　　(1-7)

6）关税。由海关对进出国境或关境的货物和物品征收的一种税。计算公式如下：

关税＝到岸价格(CIF)×进口关税税率　　(1-8)

其中，到岸价格（CIF）包括离岸价格（FOB）、国际运费、运输保险费等费用，它是关税完税价格。进口关税税率包括优惠和普通两种。

7）增值税。对从事进口贸易的单位和个人，在商品报关进口后征收的税种。按下式计算：

进口产品增值税额＝组成计税价格×增值税税率　　(1-9)

8）消费税。对部分进口设备（如轿车、摩托车等）征收，计算式如下：

$$\text{应纳消费税额}=\frac{\text{到岸价}+\text{关税}}{1-\text{消费税税率}}\times\text{消费税税率} \quad (1\text{-}10)$$

9）海关监管手续费。指海关对进口减税、免税、保税货物实施监督、管理、提供服务的手续费。对于全额征收进口关税的货物不计本项费用。计算公式如下：

海关监管手续费＝到岸价×海关监管手续费率　　(1-11)

10）车辆购置附加费。进口车辆需缴进口车辆购置附加费。按下式计算：

进口车辆购置附加费＝(到岸价＋关税＋消费税＋增值税)×进口车辆购置附加费率　　(1-12)

（3）设备运杂费

设备运杂费按设备原价乘以设备运杂费率计算。其中，设备运杂费率按各部门及省、市等的规定计取。设备运杂费一般由以下各项构成：

1）国产标准设备由设备制造厂交货地点起至工地仓库（或施工组织指定的堆放地点）止所发生的运费及装卸费。进口设备则由我国到岸港口、边境车站起至工地仓库（或施工组织指定的堆放地点）止所发生的运费及装卸费。

2）在设备出厂价格中没有包含的设备包装和包装材料器具费；在设备出厂价或进口设备价格中若已含此项费用，则不应重复计算。

3）供销部门的手续费，按有关部门规定的统一费率计算。

4）建设单位（或工程承包公司）的采购和仓库保管费，是采购、验收、保管和收发设备所发生的各项费用，包括设备采购、保管和管理人员工资、工资附加费、办公费、差旅交通费、设备供应部门办公和仓库所占固定资产使用费、工具用具使用费、劳动保护费、检验试验费等。这些费用依主管部门规定的采购保管费率计算。

2. 工器具及生产家具购置费

工器具及生产家具购置费即新建或扩建项目初步设计规定的，保证初期正常生产必须购置的没有达到固定资产标准的设备、仪器、工卡模具、器具、生产家具和备品备件等的购置费用。通常以设备购置费为计算基数，按照部门或行业规定的工器具及生产家具费率计算。

1.2.2 建筑安装工程费用

1. 建筑安装工程费用项目组成

现行建筑安装工程费用项目组成，根据住房和城乡建设部、财政部共同颁发的建标［2013］44号文件规定如下：

（1）建筑安装工程费用项目组成（按费用构成要素划分）

建筑安装工程费按照费用构成要素划分，由人工费、材料（包含工程设备，下同）费、施工机具使用费、企业管理费、利润、规费和税金组成。其中人工费、材料费、施工机具使用费、企业管理费和利润包含在分部分项工程费、措施项目费、其他项目费中，见图1-2。

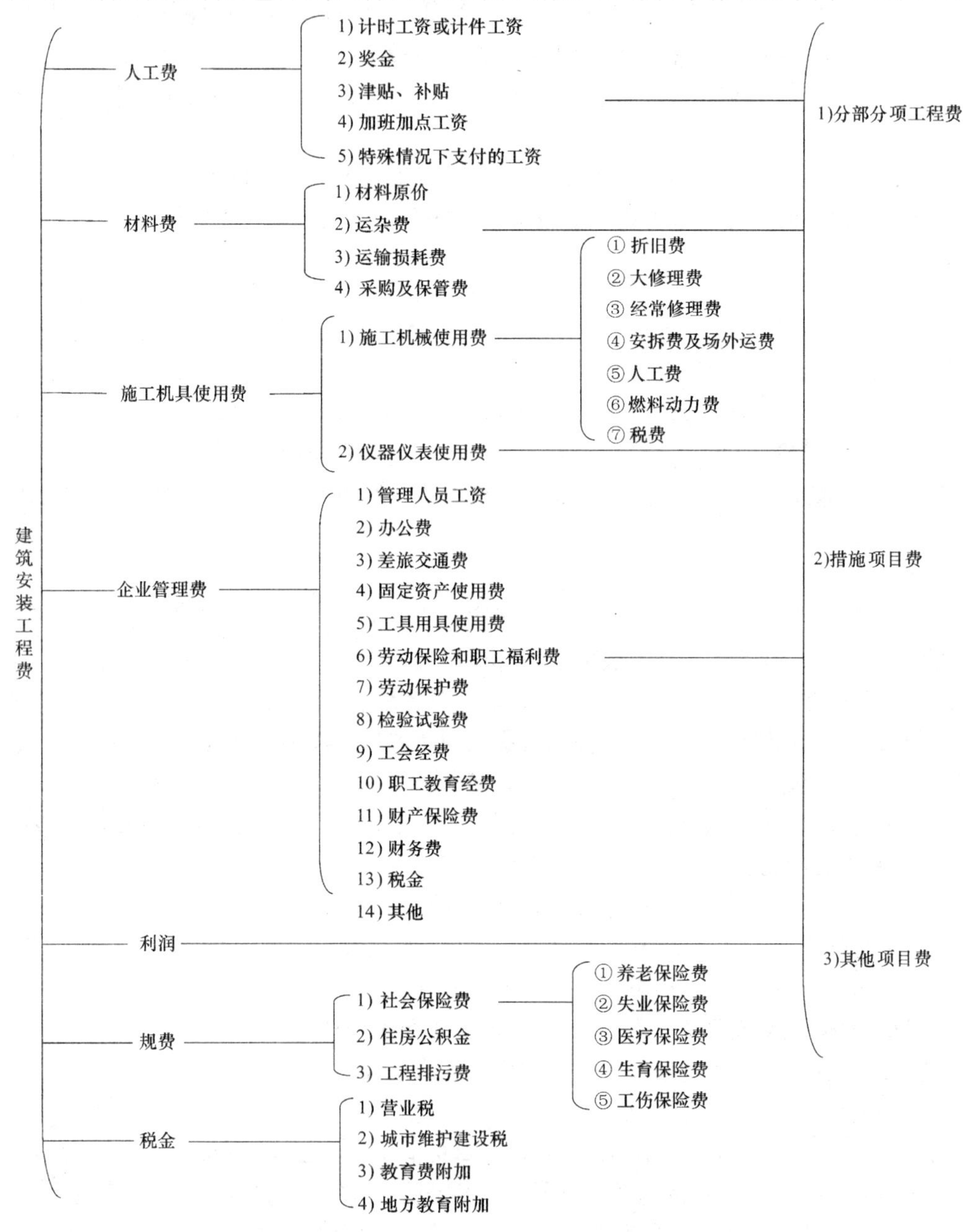

图1-2 建筑安装工程费用项目组成（按费用构成要素划分）

1）人工费：即按工资总额构成规定，支付给从事建筑安装工程施工的生产工人和附属生产单位工人的各项费用。包括：

① 计时工资或计件工资：是指按计时工资标准和工作时间或对已做工作按计件单价支付给个人的劳动报酬。

② 奖金：是指对超额劳动和增收节支支付给个人的劳动报酬。如节约奖、劳动竞赛奖等。

③ 津贴补贴：是指为了补偿职工特殊或额外的劳动消耗和因其他特殊原因支付给个人的津贴，以及为了保证职工工资水平不受物价影响支付给个人的物价补贴。如流动施工津贴、特殊地区施工津贴、高温（寒）作业临时津贴、高空津贴等。

④ 加班加点工资：是指按规定支付的在法定节假日工作的加班工资和在法定日工作时间外延时工作的加点工资。

⑤ 特殊情况下支付的工资：是指根据国家法律、法规和政策规定，因病、工伤、产假、计划生育假、婚丧假、事假、探亲假、定期休假、停工学习、执行国家或社会义务等原因按计时工资标准或计时工资标准的一定比例支付的工资。

2）材料费：即施工过程中耗费的原材料、辅助材料、构配件、零件、半成品或成品、工程设备的费用。包括：

① 材料原价：是指材料、工程设备的出厂价格或商家供应价格。

② 运杂费：是指材料、工程设备自来源地运至工地仓库或指定堆放地点所发生的全部费用。

③ 运输损耗费：是指材料在运输装卸过程中不可避免的损耗。

④ 采购及保管费：是指为组织采购、供应和保管材料、工程设备的过程中所需要的各项费用。包括采购费、仓储费、工地保管费、仓储损耗。

工程设备是指构成或计划构成永久工程一部分的机电设备、金属结构设备、仪器装置及其他类似的设备和装置。

3）施工机具使用费：即施工作业所发生的施工机械、仪器仪表使用费或其租赁费。

① 施工机械使用费：用施工机械台班耗用量乘以施工机械台班单价表示，施工机械台班单价应由以下七项费用构成：

a. 折旧费：指施工机械在规定的使用年限内，陆续收回其原值的费用。

b. 大修理费：指施工机械按规定的大修理间隔台班进行必要的大修理，以恢复其正常功能所需的费用。

c. 经常修理费：指施工机械除大修理以外的各级保养和临时故障排除所需的费用。包括为保障机械正常运转所需替换设备与随机配备工具附具的摊销和维护费用，机械运转中日常保养所需润滑与擦拭的材料费用及机械停滞期间的维护和保养费用等。

d. 安拆费及场外运费：安拆费指施工机械（大型机械除外）在现场进行安装与拆卸所需的人工、材料、机械和试运转费用以及机械辅助设施的折旧、搭设、拆除等费用；场外运费指施工机械整体或分体自停放地点运至施工现场或由一施工地点运至另一施工地点的运输、装卸、辅助材料及架线等费用。

e. 人工费：指机上司机（司炉）和其他操作人员的人工费。

f. 燃料动力费：指施工机械在运转作业中所消耗的各种燃料及水、电等。

g. 税费：指施工机械按照国家规定应缴纳的车船使用税、保险费及年检费等。

② 仪器仪表使用费：是指工程施工所需使用的仪器仪表的摊销及维修费用。

4）企业管理费：指建筑安装企业组织施工生产和经营管理所需的费用。包括：

① 管理人员工资：是指按规定支付给管理人员的计时工资、奖金、津贴补贴、加班加点工资及特殊情况下支付的工资等。

② 办公费：是指企业管理办公用的文具、纸张、账表、印刷、邮电、书报、办公软件、现场监控、会议、水电、烧水和集体取暖降温（包括现场临时宿舍取暖降温）等费用。

③ 差旅交通费：是指职工因公出差、调动工作的差旅费、住勤补助费，市内交通费和误餐补助费，职工探亲路费，劳动力招募费，职工退休、退职一次性路费，工伤人员就医路费，工地转移费以及管理部门使用的交通工具的油料、燃料等费用。

④ 固定资产使用费：是指管理和试验部门及附属生产单位使用的属于固定资产的房屋、设备、仪器等的折旧、大修、维修或租赁费。

⑤ 工具用具使用费：是指企业施工生产和管理使用的不属于固定资产的工具、器具、家具、交通工具和检验、试验、测绘、消防用具等的购置、维修和摊销费。

⑥ 劳动保险和职工福利费：是指由企业支付的职工退职金、按规定支付给离休干部的经费、集体福利费、夏季防暑降温、冬季取暖补贴、上下班交通补贴等。

⑦ 劳动保护费：是企业按规定发放的劳动保护用品的支出。如工作服、手套、防暑降温饮料以及在有碍身体健康的环境中施工的保健费用等。

⑧ 检验试验费：是指施工企业按照有关标准规定，对建筑以及材料、构件和建筑安装物进行一般鉴定、检查所发生的费用。包括自设试验室进行试验所耗用的材料等费用；不包括新结构、新材料的试验费，对构件做破坏性试验及其他特殊要求检验试验的费用和建设单位委托检测机构进行检测的费用，对此类检测发生的费用，由建设单位在工程建设其他费用中列支。但对施工企业提供的具有合格证明的材料进行检测不合格的，该检测费用由施工企业支付。

⑨ 工会经费：是指企业按《工会法》规定的全部职工工资总额比例计提的工会经费。

⑩ 职工教育经费：是指按职工工资总额的规定比例计提，企业为职工进行专业技术和职业技能培训，专业技术人员继续教育、职工职业技能鉴定、职业资格认定以及根据需要对职工进行各类文化教育所发生的费用。

⑪ 财产保险费：是指施工管理用财产、车辆等的保险费用。

⑫ 财务费：是指企业为施工生产筹集资金或提供预付款担保、履约担保、职工工资支付担保等所发生的各种费用。

⑬ 税金：是指企业按规定缴纳的房产税、车船使用税、土地使用税、印花税等。

⑭ 其他：包括技术转让费、技术开发费、投标费、业务招待费、绿化费、广告费、公证费、法律顾问费、审计费、咨询费、保险费等。

5）利润：是指施工企业完成所承包工程获得的盈利。

6）规费：是指按国家法律、法规规定，由省级政府和省级有关权力部门规定必须缴纳或计取的费用。包括：

① 社会保险费：

a. 养老保险费：是指企业按照规定标准为职工缴纳的基本养老保险费。

b. 失业保险费：是指企业按照规定标准为职工缴纳的失业保险费。

c. 医疗保险费：是指企业按照规定标准为职工缴纳的基本医疗保险费。

d. 生育保险费：是指企业按照规定标准为职工缴纳的生育保险费。

e. 工伤保险费：是指企业按照规定标准为职工缴纳的工伤保险费。

② 住房公积金：是指企业按规定标准为职工缴纳的住房公积金。

③ 工程排污费：是指按规定缴纳的施工现场工程排污费。

其他应列而未列入的规费，按实际发生计取。

7）税金：是指国家税法规定的应计入建筑安装工程造价内的营业税、城市维护建设税、教育费附加以及地方教育附加。

（2）建筑安装工程费用项目组成（按造价形成划分）

建筑安装工程费按照工程造价形成由分部分项工程费、措施项目费、其他项目费、规费和税金组成。分部分项工程费、措施项目费、其他项目费包含人工费、材料费、施工机具使用费、企业管理费和利润，见图 1-3。

1）分部分项工程费：是指各专业工程的分部分项工程应予列支的各项费用。

① 专业工程：是指按现行国家计量规范划分的房屋建筑与装饰工程、仿古建筑工程、通用安装工程、市政工程、园林绿化工程、矿山工程、构筑物工程、城市轨道交通工程、爆破工程等各类工程。

② 分部分项工程：指按现行国家计量规范对各专业工程划分的项目。如房屋建筑与装饰工程划分的土石方工程、地基处理与桩基工程、砌筑工程、钢筋及钢筋混凝土工程等。

各类专业工程的分部分项工程划分见现行国家或行业计量规范。

2）措施项目费：是指为完成建设工程施工，发生于该工程施工前和施工过程中的技术、生活、安全、环境保护等方面的费用。包括：

① 安全文明施工费

a. 环境保护费：是指施工现场为达到环保部门要求所需要的各项费用。

b. 文明施工费：是指施工现场文明施工所需要的各项费用。

c. 安全施工费：是指施工现场安全施工所需要的各项费用。

d. 临时设施费：是指施工企业为进行建设工程施工所必须搭设的生活和生产用的临时建筑物、构筑物和其他临时设施费用。包括临时设施的搭设、维修、拆除、清理费或摊销费等。

② 夜间施工增加费：是指因夜间施工所发生的夜班补助费、夜间施工降效、夜间施工照明设备摊销及照明用电等费用。

③ 二次搬运费：是指因施工场地条件限制而发生的材料、构配件、半成品等一次运输不能到达堆放地点，必须进行二次或多次搬运所发生的费用。

④ 冬雨期施工增加费：是指在冬期或雨期施工需增加的临时设施、防滑、排除雨雪，人工及施工机械效率降低等费用。

⑤ 已完工程及设备保护费：是指竣工验收前，对已完工程及设备采取的必要保护措施所发生的费用。

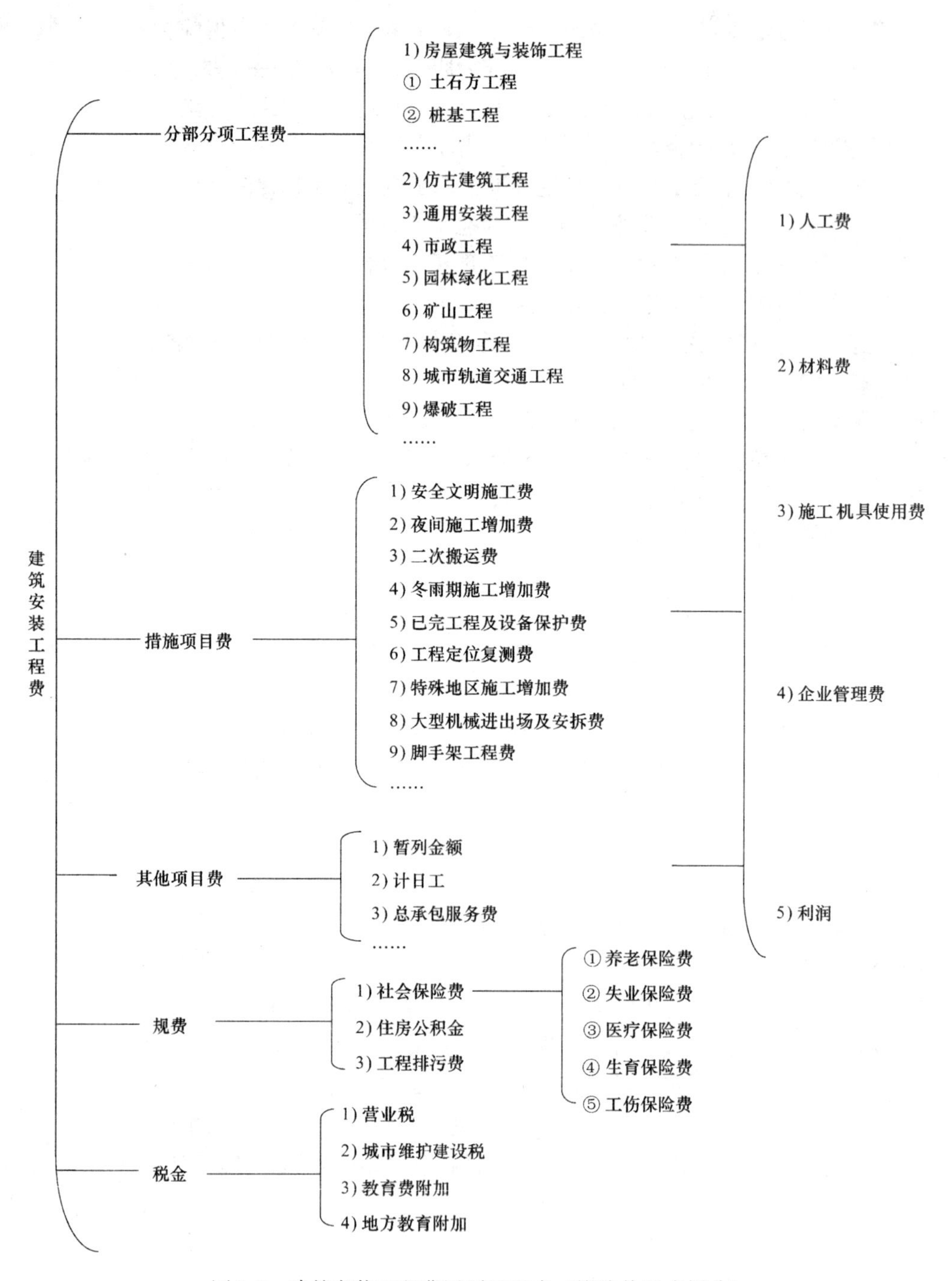

图 1-3 建筑安装工程费用项目组成（按造价形成划分）

⑥ 工程定位复测费：是指工程施工过程中进行全部施工测量放线和复测工作的费用。

⑦ 特殊地区施工增加费：是指工程在沙漠或其边缘地区、高海拔、高寒、原始森林等特殊地区施工增加的费用。

⑧ 大型机械设备进出场及安拆费：是指机械整体或分体自停放场地运至施工现场或由一个施工地点运至另一个施工地点，所发生的机械进出场运输及转移费用及机械在施工

现场进行安装、拆卸所需的人工费、材料费、机械费、试运转费和安装所需的辅助设施的费用。

⑨ 脚手架工程费：是指施工需要的各种脚手架搭、拆、运输费用以及脚手架购置费的摊销（或租赁）费用。

措施项目及其包含的内容详见各类专业工程的现行国家或行业计量规范。

3）其他项目费

① 暂列金额：是指建设单位在工程量清单中暂定并包括在工程合同价款中的一笔款项。用于施工合同签订时尚未确定或者不可预见的所需材料、工程设备、服务的采购，施工中可能发生的工程变更、合同约定调整因素出现时的工程价款调整以及发生的索赔、现场签证确认等的费用。

② 计日工：是指在施工过程中，施工企业完成建设单位提出的施工图纸以外的零星项目或工作所需的费用。

③ 总承包服务费：是指总承包人为配合、协调建设单位进行的专业工程发包，对建设单位自行采购的材料、工程设备等进行保管以及施工现场管理、竣工资料汇总整理等服务所需的费用。

4）规费：定义同（1）中的规费。

5）税金：定义同（1）中的税金。

2. 建筑安装工程费用参考计算方法

1）各费用构成要素可参考以下计算方法：

① 人工费

$$\text{人工费}=\sum(\text{工日消耗量}\times\text{日工资单价}) \tag{1-13}$$

$$\text{日工资单价}=\frac{\text{生产工人平均月工资(计时/计件)}+\text{月平均(奖金}+\text{津贴补贴}+\text{特殊情况下支付的工资)}}{\text{年平均每月法定工作日}} \tag{1-14}$$

注：以上公式（1-13）、公式（1-14）主要适用于施工企业投标报价时自主确定人工费，也是工程造价管理机构编制计价定额确定定额人工单价或发布人工成本信息的参考依据。

$$\text{人工费}=\sum(\text{工程工日消耗量}\times\text{日工资单价}) \tag{1-15}$$

其中，日工资单价指施工企业平均技术熟练程度的生产工人在每工作日（国家法定工作时间内）按规定从事施工作业应得的日工资总额。

工程造价管理机构确定日工资单价需通过市场调查，根据工程项目的技术要求，参考实物工程量人工单价综合分析确定，最低日工资单价不得低于工程所在地人力资源和社会保障部门所发布的最低工资标准的：普工 1.3 倍、一般技工 2 倍、高级技工 3 倍。

工程计价定额不能只列一个综合工日单价，应根据工程项目技术要求及工种差别适当划分多种日人工单价，确保各分部工程人工费的合理构成。

注：公式（1-15）适用于工程造价管理机构编制计价定额时确定定额人工费，是施工企业投标报价的参考依据。

② 材料费

a. 材料费

$$\text{材料费}=\sum(\text{材料消耗量}\times\text{材料单价}) \tag{1-16}$$

$$材料单价=[(材料原价+运杂费)\times[1+运输损耗率(\%)]\times[1+采购保管费率(\%)] \tag{1-17}$$

b. 工程设备费

$$工程设备费=\sum(工程设备量\times工程设备单价) \tag{1-18}$$

$$工程设备单价=(设备原价+运杂费)\times[1+采购保管费率(\%)] \tag{1-19}$$

③ 施工机具使用费

a. 施工机械使用费

$$施工机械使用费=\sum(施工机械台班消耗量\times机械台班单价) \tag{1-20}$$

$$机械台班单价=台班折旧费+台班大修费+台班经常修理费+台班安拆费及场外运费+台班人工费+台班燃料动力费+台班车船税费 \tag{1-21}$$

注：工程造价管理机构在确定计价定额中的施工机械使用费时，应根据《建筑施工机械台班费用计算规则》并结合市场调查编制施工机械台班单价。施工企业可以参考工程造价管理机构发布的台班单价，自主确定施工机械使用费的报价，例如租赁施工机械，计算式为：施工机械使用费=∑(施工机械台班消耗量×机械台班租赁单价)。

b. 仪器仪表使用费

$$仪器仪表使用费=工程使用的仪器仪表摊销费+维修费 \tag{1-22}$$

④ 企业管理费费率

a. 以分部分项工程费为计算基础

$$企业管理费费率(\%)=\frac{生产工人年平均管理费}{年有效施工天数\times人工单价}\times人工费占分部分项工程费比例(\%) \tag{1-23}$$

b. 以人工费和机械费合计为计算基础

$$企业管理费费率(\%)=\frac{生产工人年平均管理费}{年有效施工天数\times(人工单价+每一工日机械使用费)}\times100\% \tag{1-24}$$

c. 以人工费为计算基础

$$企业管理费费率(\%)=\frac{生产工人年平均管理费}{年有效施工天数\times人工单价}\times100\% \tag{1-25}$$

注：以上公式适用于施工企业投标报价时自主确定管理费，是工程造价管理机构编制计价定额确定企业管理费的参考依据。

工程造价管理机构在确定计价定额中企业管理费时，应以定额人工费或（定额人工费+定额机械费）为计算基数，其费率依照历年工程造价积累的资料，辅以调查数据确定，列入分部分项工程和措施项目中。

⑤ 利润

a. 施工企业根据企业自身需求并结合建筑市场实际自主确定，列入报价中。

b. 工程造价管理机构在确定计价定额中利润时，应以定额人工费或（定额人工费+定额机械费）为计算基数，其费率依照历年工程造价积累的资料，并结合建筑市场实际确定，以单位（单项）工程测算，利润在税前建筑安装工程费的比重可按不低于5%且不高于7%的费率计算。利润应列入分部分项工程和措施项目中。

⑥ 规费

a. 社会保险费和住房公积金

社会保险费和住房公积金应以定额人工费为计算基础，依工程所在地省、自治区、直辖市或行业建设主管部门规定费率计算。

社会保险费和住房公积金＝∑(工程定额人工费×社会保险费和住房公积金费率)

(1-26)

式中：社会保险费和住房公积金费率可以根据每万元发承包价的生产工人人工费和管理人员工资含量与工程所在地规定的缴纳标准综合分析取定。

b. 工程排污费

工程排污费等其他应列却未列入的规费应按工程所在地环境保护等部门规定的标准缴纳，按实计取列入。

⑦ 税金

税金计算公式：

税金＝税前造价×综合税率(%) (1-27)

综合税率：

a. 纳税地点在市区的企业

$$综合税率(\%)=\frac{1}{1-3\%-(3\%\times7\%)-(3\%\times3\%)-(3\%\times2\%)}-1 \quad (1\text{-}28)$$

b. 纳税地点在县城、镇的企业

$$综合税率(\%)=\frac{1}{1-3\%-(3\%\times5\%)-(3\%\times3\%)-(3\%\times2\%)}-1 \quad (1\text{-}29)$$

c. 纳税地点不在市区、县城、镇的企业

$$综合税率(\%)=\frac{1}{1-3\%-(3\%\times1\%)-(3\%\times3\%)-(3\%\times2\%)}-1 \quad (1\text{-}30)$$

d. 实行营业税改增值税的，按纳税地点现行税率计算。

2）建筑安装工程计价可参考以下计算公式：

① 分部分项工程费

分部分项工程费＝∑(分部分项工程量×综合单价) (1-31)

式中：综合单价由人工费、材料费、施工机具使用费、企业管理费和利润以及一定范围的风险费用组成（下同)。

② 措施项目费

a. 国家计量规范规定应予计量的措施项目，其计算公式为：

措施项目费＝∑(措施项目工程量×综合单价) (1-32)

b. 国家计量规范规定不宜计量的措施项目，计算方法如下：

(a) 安全文明施工费

安全文明施工费＝计算基数×安全文明施工费费率(%) (1-33)

计算基数应为定额基价（定额分部分项工程费＋定额中可以计量的措施项目费)、定额人工费或（定额人工费＋定额机械费)，而由工程造价管理机构根据各专业工程的特点综合确定其费率。

(b) 夜间施工增加费

夜间施工增加费＝计算基数×夜间施工增加费费率(%) (1-34)

(c) 二次搬运费

$$二次搬运费=计算基数\times二次搬运费费率(\%) \tag{1-35}$$

(d) 冬雨期施工增加费

$$冬雨期施工增加费=计算基数\times冬雨期施工增加费费率(\%) \tag{1-36}$$

(e) 已完工程及设备保护费

$$已完工程及设备保护费=计算基数\times已完工程及设备保护费费率(\%) \tag{1-37}$$

以上 (b)～(e) 项措施项目的计费基数应为定额人工费或（定额人工费＋定额机械费），而由工程造价管理机构根据各专业工程特点和调查资料综合分析后确定其费率。

③ 其他项目费

a. 暂列金额由建设单位依照工程特点，根据有关计价规定估算，施工过程中由建设单位掌握使用、扣除合同价款调整后若有余额，归建设单位。

b. 计日工由建设单位和施工企业按施工过程中的签证计价。

c. 总承包服务费由建设单位在招标控制价中依照总包服务范围和有关计价规定编制，施工企业投标时自主报价，施工过程中按签约合同价执行。

④ 规费和税金

建设单位及施工企业均应按照省、自治区、直辖市或行业建设主管部门发布标准计算规费和税金，不得作为竞争性费用。

3）相关问题的说明

① 各专业工程计价定额的编制及其计价程序，均按相关规定实施。

② 各专业工程计价定额的使用周期原则上为 5 年。

③ 工程造价管理机构在定额使用周期内，应及时发布人工、材料、机械台班价格信息，实行工程造价动态管理，若遇国家法律、法规、规章或相关政策变化以及建筑市场物价波动较大时，应适时调整定额人工费、定额机械费以及定额基价或规费费率，使建筑安装工程费能反映建筑市场实际情况。

④ 建设单位在编制招标控制价时，应按照各专业工程的计量规范和计价定额以及工程造价信息编制。

⑤ 施工企业在使用计价定额时除不可竞争费用外，其余只作参考，由施工企业投标时自主报价。

3. 建筑安装工程计价程序

建筑安装工程计价程序见表 1-1～表 1-3。

建设单位工程招标控制价计价程序 **表 1-1**

工程名称： 标段： 第 页 共 页

序号	内 容	计 算 方 法	金 额(元)
1	分部分项工程费	按计价规定计算	
1.1			
1.2			
1.3			
1.4			

续表

序号	内　　容	计 算 方 法	金　额(元)
1.5			
2	措施项目费	按计价规定计算	
2.1	其中:安全文明施工费	按规定标准计算	
3	其他项目费		
3.1	其中:暂列金额	按计价规定估算	
3.2	其中:专业工程暂估价	按计价规定估算	
3.3	其中:计日工	按计价规定估算	
3.4	其中:总承包服务费	按计价规定估算	
4	规费	按规定标准计算	
5	税金(扣除不列入计税范围的工程设备金额)	(1+2+3+4)×规定税率	
招标控制价合计=1+2+3+4+5			

施工企业工程投标报价计价程序　　**表 1-2**

工程名称：　　　标段：　　　第　页　共　页

序号	内　　容	计 算 方 法	金　额(元)
1	分部分项工程费	自主报价	
1.1			
1.2			
1.3			
1.4			
1.5			
2	措施项目费	自主报价	
2.1	其中:安全文明施工费	按规定标准计算	

续表

序号	内　容	计算方法	金　额(元)
3	其他项目费		
3.1	其中:暂列金额	按招标文件提供金额计列	
3.2	其中:专业工程暂估价	按招标文件提供金额计列	
3.3	其中:计日工	自主报价	
3.4	其中:总承包服务费	自主报价	
4	规费	按规定标准计算	
5	税金(扣除不列入计税范围的工程设备金额)	(1+2+3+4)×规定税率	
投标报价合计=1+2+3+4+5			

竣工结算计价程序　　　　**表 1-3**

工程名称:　　　　标段:　　　　第　页　共　页

序号	汇总内容	计算方法	金　额(元)
1	分部分项工程费	按合同约定计算	
1.1			
1.2			
1.3			
1.4			
1.5			
2	措施项目	按合同约定计算	
2.1	其中:安全文明施工费	按规定标准计算	
3	其他项目		
3.1	其中:专业工程结算价	按合同约定计算	
3.2	其中:计日工	按计日工签证计算	
3.3	其中:总承包服务费	按合同约定计算	
3.4	索赔与现场签证	按发承包双方确认数额计算	
4	规费	按规定标准计算	
5	税金(扣除不列入计税范围的工程设备金额)	(1+2+3+4)×规定税率	
竣工结算总价合计=1+2+3+4+5			

1.2.3　工程建设其他费用

工程建设其他费用即从工程筹建到工程竣工验收交付使用的整个建设期间，除建筑安装工程费用和设备、工器具购置费以外的，为保证工程建设顺利完成和交付使用后能够正常发挥效用而发生的一些费用。

工程建设其他费用，按其内容分，包括以下三类：

1. 土地使用费

它是指任何一个建设项目都固定于一定地点与地面相连接，必须占用一定量的土地，也就必然要发生为获得建设用地而支付的费用。包括土地征用及迁移补偿费和国有土地使用费。

（1）土地征用及迁移补偿费

即建设项目通过划拨方式取得无限期的土地使用权，根据《中华人民共和国土地管理法》等规定所支付的费用。其总和一般不得超过被征土地年产值的 20 倍，土地年产值则按该地被征用前 3 年的平均产量和国家规定的价格计算。包括：

1）土地补偿费。征用耕地（包括菜地）的补偿标准，按政府规定，为该耕地年产值的若干倍。征用园地、鱼塘、藕塘、苇塘、宅基地、林地、牧场、草原等的补偿标准，由省、自治区、直辖市人民政府制定。征收无收益的土地，不予补偿。

2）青苗补偿费和被征用土地上的房屋、水井、树木等附着物补偿费。征用城市郊区的菜地时，还应根据有关规定向国家缴纳新菜地开发建设基金。

3）安置补助费。征用耕地、菜地的，每个农业人口的安置补助费为该地每亩年产值的 2～3 倍，每亩耕地的安置补助费最高不得超过其年产值的 10 倍。

4）缴纳的耕地占用税或城镇土地使用税、土地登记费及征地管理费等。县市土地管理机关从征地费中提取土地管理费的比率，要按征地工作量大小，视不同情况，在 1%～4%幅度内提取。

5）征地动迁费。包括征用土地上的房屋及附属构筑物、城市公共设施等拆除、迁建补偿费、搬迁运输费，企业单位因搬迁造成的减产、停工损失补贴费，拆迁管理费等。

6）水利水电工程水库淹没处理补偿费。包括农村移民安置迁建费，城市迁建补偿费，库区工矿企业、交通、电力、通信、广播、管网、水利等的恢复、迁建补偿费，库底清理费，防护工程费，环境影响补偿费用等。

（2）取得国有土地使用费

它包括土地使用权出让金、城市建设配套费、拆迁补偿与临时安置补助费等。

1）土地使用权出让金。即建设工程通过土地使用权出让方式，取得有限期的土地使用权，根据《中华人民共和国城镇国有土地使用权出让和转让暂行条例》规定，支付的土地使用权出让金。

① 明确国家是城市土地的唯一所有者，并分层次、有偿、有限期地出让、转让城市土地。第一层次是城市政府将国有土地使用权出让给用地者。第二层次及以下层次的转让则发生在使用者之间。

② 城市土地的出让和转让可通过协议、招标、公开拍卖等方式进行。

a. 协议方式是由用地单位申请，经市政府批准同意后双方洽谈具体地块及地价。其适用于市政工程、公益事业用地以及需要减免地价的机关、部队用地和需要重点扶持、优先发展的产业用地。

b. 招标方式是在规定的期限内，由用地单位以书面形式投标，市政府根据投标报价、所提供的规划方案以及企业信誉综合考虑，择优而取。其适用于一般工程建设用地。

c. 公开拍卖是指在指定的地点和时间，由申请用地者叫价应价，价高者得。其完全由市场竞争决定，适用于盈利高的行业用地。

③ 在有偿出让和转让土地时，政府对地价不作统一规定，但是应坚持下面的原则：

a. 地价对目前的投资环境不产生大的影响。

b. 地价与当地的社会经济承受能力相适应。

c. 地价要考虑已投入的土地开发费用、土地市场供求关系、土地用途和使用年限。

④ 有关政府有偿出让土地使用权的年限，各地可根据时间、区位等各种条件作不同的规定，一般可在30～99年之间。从地面附属建筑物的折旧年限来看，以50年为宜。

⑤ 土地有偿出让和转让，土地使用者和所有者要签约，明确使用者对土地享有的权利及应承担的义务。

a. 有偿出让和转让使用权，要向土地受让者征收契税。

b. 转让土地若有增值，要向转让者征收土地增值税。

c. 在土地转让期间，国家应区别不同地段、不同用途向土地使用者收取土地占用费。

2）城市建设配套费。即因进行城市公共设施的建设而分摊的费用。

3）拆迁补偿与临时安置补助费。它包括拆迁补偿费和临时安置补助费或搬迁补助费。拆迁补偿费是指拆迁人对被拆迁人，按照有关规定予以补偿所需的费用。拆迁补偿的形式有产权调换和货币补偿两种。产权调换的面积根据所拆迁房屋的建筑面积计算；货币补偿的金额根据所拆迁房屋的区位、用途、建筑面积等因素，以房地产市场评估价格确定。拆迁人应当对被拆迁人或者房屋承租人支付搬迁补助费。在过渡期内，被拆迁人或者房屋承租人自行安排住处的，拆迁人应当支付临时安置补助费。

2. 与项目建设有关的其他费用

与项目建设有关的其他费用通常包括下列各项。工程估算及概算可依照实际情况进行计算。

（1）建设单位管理费

即建设项目从立项、筹建、建设、联合试运转、竣工验收、交付使用及后评估等全过程管理所需的费用。包括：

1）建设单位开办费。指新建项目所需办公设备、生活家具、用具、交通工具等购置费用。

2）建设单位经费。包括工作人员的基本工资、工资性补贴、职工福利费、劳动保护费、劳动保险费、办公费、差旅交通费、工会经费、职工教育经费、固定资产使用费、工具用具使用费、技术图书资料费、生产人员招募费、工程招标费、合同契约公证费、工程质量监督检测费、工程咨询费、法律顾问费、审计费、业务招待费、排污费、竣工交付使用清理及竣工验收费、后评估等费用。不包括应计入设备、材料预算价格的建设单位采购及保管设备材料所需的费用。

建设单位管理费根据单项工程费用之和（包括设备工器具购置费和建筑安装工程费用）乘以建设单位管理费率计算。

建设单位管理费率根据建设项目的不同性质、不同规模确定。有的建设项目根据建设工期和规定的金额计算建设单位管理费。

（2）勘察设计费

即为本建设项目提供项目建议书、可行性研究报告及设计文件等所需费用，包括：

1）编制项目建议书、可行性研究报告及投资估算、工程咨询、评价以及为编制上述文件所进行勘察、设计、研究试验等所需费用。

2）委托勘察、设计单位进行初步设计、施工图设计及概预算编制等所需费用。

3）在规定范围内由建设单位自行完成的勘察、设计工作所需费用。

勘察设计费中，项目建议书、可行性研究报告按国家颁布的收费标准计算，设计费依国家颁布的工程设计收费标准计算；勘察费一般民用建筑 6 层以下的按 3～5 元/m^2 计算，高层建筑按 8～10 元/m^2 计算，工业建筑按 10～12 元/m^2 计算。

（3）研究试验费

即为建设项目提供和验证设计参数、数据、资料等所进行的必要的试验费用以及设计规定在施工中必须进行试验、验证所需费用。包括自行或委托其他部门研究试验所需人工费、材料费、试验设备及仪器使用费等。这项费用按设计单位根据本工程项目的需要提出的研究试验内容和要求计算。

（4）建设单位临时设施费

即建设期间建设单位所需临时设施的搭设、维修、摊销费用或租赁费用。

临时设施包括临时宿舍、文化福利及公用事业房屋与构筑物、仓库、办公室、加工厂以及规定范围内的道路、水、电、管线等临时设施和小型临时设施。

（5）工程监理费

即建设单位委托工程监理单位对工程实施监理工作所需费用。按照原国家物价局、建设部《关于发布工程建设监理费用有关规定的通知》（[1992] 价费字 479 号）等文件规定，选择以下方法之一计算。

1）一般情况应按工程建设监理收费标准计算，即按所监理工程概算或预算的百分比计算。

2）对于单工种或临时性项目可根据参与监理的年度平均人数按（3.5～5）万元/人年计算。

（6）工程保险费

即建设项目在建设期间根据需要实施工程保险所需的费用。包括以各种建筑工程及其在施工过程中的物料、机器设备为保险标的的建筑工程一切险，以安装工程中的各种机器、机械设备为保险标的的安装工程一切险，以及机器损坏保险等。按照不同的工程类别，分别用其建筑、安装工程费乘以建筑、安装工程保险费率计算。工程保险费率分别为：民用建筑（住宅楼、综合性大楼、商场、旅馆、医院、学校）占建筑工程费的 2‰～4‰；其他建筑（工业厂房、仓库、道路、码头、水坝、隧道、桥梁、管道等）占建筑工程费的 3‰～6‰；安装工程（农业、工业、机械、电子、电器、纺织、矿山、石油、化学及钢铁工业、钢结构桥梁）占建筑工程费的 3‰～6‰。

（7）引进技术和进口设备其他费用

包括出国人员费用、国外工程技术人员来华费用、技术引进费、分期或延期付款利息、担保费以及进口设备检验鉴定费。

1）出国人员费用。指为引进技术和进口设备派出人员在国外培训和进行设计联络，设备检验等的差旅费、制装费、生活费等。其根据设计规定的出国培训和工作的人数、时间及派往国家，按财政部、外交部规定的临时出国人员费用开支标准及中国民用航空公司现行国际航线票价等进行计算，其中使用外汇部分应计算银行财务费用。

2）国外工程技术人员来华费用。指为安装进口设备，引进国外技术等聘用外国工程技术人员进行技术指导工作所发生的费用。包括技术服务费，外国技术人员的在华工资、生活补贴、差旅费、医药费、住宿费、交通费、宴请费、参观游览等招待费用。该费用按每人每月费用指标计算。

3）技术引进费。指为引进国外先进技术而支付的费用。包括专利费、专有技术费（技术保密费）、国外设计及技术资料费、计算机软件费等。该费用根据合同或协议的价格计算。

4）分期或延期付款利息。指利用出口信贷引进技术或进口设备采取分期或延期付款的办法所支付的利息。

5）担保费。指国内金融机构为买方出具保函的担保费。该费用按有关金融机构规定的担保费率计算（一般可按承保金额的5‰计算）。

6）进口设备检验鉴定费用。指进口设备按规定付给商品检验部门的进口设备检验鉴定费。该费用按进口设备货价的3‰～5‰计算。

（8）工程承包费

指具有总承包条件的工程公司，对工程建设项目从开始建设至竣工投产全过程的总承包所需的管理费用。包括组织勘察设计、设备材料采购、非标设备设计制造与销售、施工招标、发包、工程预决算、项目管理、施工质量监督、隐蔽工程检查、验收和试车直至竣工投产的各种管理费用。该费用按国家主管部门或省、自治区、直辖市协调规定的工程总承包费取费标准计算。无规定时，一般工业建设项目为投资估算的6%～8%，民用建筑和市政项目为4%～6%。不实行工程承包的项目不计算本项费用。

3. 与未来企业生产经营有关的其他费用

（1）联合试运转费

指新建企业或改扩建企业在工程竣工验收前，按照设计的生产工艺流程和质量标准对整个企业进行联合试运转所发生的费用支出与联合试运转期间的收入部分的差额部分。该费用一般根据不同性质的项目按需进行试运转的工艺设备购置费的百分比计算。

（2）生产准备费

指新建企业或新增生产能力的企业，为保证竣工交付使用进行必要的生产准备所发生的费用。包括生产人员培训费和其他费用。该费用一般根据需要培训和提前进厂人员的人数及培训时间，按生产准备费指标进行估算。

（3）办公和生活家具购置费

指为保证新建、改建、扩建项目初期正常生产、使用和管理所必须购置的办公和生活家具、用具的费用。这项费用改建、扩建项目低于新建项目。该费用按照设计定员人数乘以综合指标计算，通常为600～800元/人。

1.2.4 预备费、建设期贷款利息、固定资产投资方向调节税和铺底流动资金

1. 预备费

根据我国现行规定，预备费包括基本预备费和涨价预备费两项。

(1) 基本预备费

指在初步设计及概算内难以预料的工程费用，包括：

1) 在批准的初步设计范围内，技术设计、施工图设计及施工过程中所增加的工程费用；设计变更、局部地基处理等增加的费用。

2) 一般自然灾害造成的损失和预防自然灾害所采取的措施费用。实行工程保险的工程项目费用应适当降低。

3) 竣工验收时为鉴定工程质量对隐蔽工程进行必要的挖掘和修复费用。

基本预备费以设备及工、器具购置费，建筑安装工程费用和工程建设其他费用三者之和为计取基础，乘以基本预备费率进行计算。基本预备费率的取值应符合国家及部门的有关规定。

(2) 涨价预备费

指建设项目在建设期间内由于价格等变化引起工程造价变化的预测预留费用。包括：人工、设备、材料、施工机械的价差费，建筑安装工程费及工程建设其他费用调整，利率、汇率调整等增加的费用。

涨价预备费的测算方法，一般按照国家规定的投资综合价格指数，以估算年份价格水平的投资额为基数，采用复利方法计算。公式如下：

$$PF=\sum_{t=1}^{n} I_t[(1+f)^t-1] \tag{1-38}$$

式中：PF——涨价预备费；

n——建设期年份数；

I_t——建设期中第 t 年的投资计划额，包括设备及工器具购置费、建筑安装工程费、工程建设其他费用及基本预备费；

f——年均投资价格上涨率。

2. 固定资产投资方向调节税

为贯彻国家产业政策，控制投资规模，引导投资方向，调整投资结构，加强重点建设，促进国民经济持续稳定协调发展，国家将依照国民经济的运行趋势和全社会固定资产投资的状况，对进行固定资产投资的单位和个人开征或暂缓征收固定资产投资方向调节税（征收对象不包括中外合资经营企业、中外合作经营企业和外资企业）。

投资方向调节税按照国家产业政策及项目经济规模实行差别税率，税率包括 0%、5%、10%、15%、30%五个档次，各固定资产投资项目按其单位工程分别确定适用的税率。计税依据是固定资产投资项目实际完成的投资额，其中更新改造项目是建筑工程实际完成的投资额。投资方向调节税按固定资产投资项目的单位工程年度计划投资额预缴。年度终了后，按年度实际投资结算，多退少补。项目竣工后按全部实际投资进行清算，多退少补。

为贯彻国家宏观调控政策，扩大内需，鼓励投资，依据国务院的决定，对《中华人民共和国固定资产投资方向调节税暂行条例》规定的纳税义务人，其固定资产投资应税项目自 2000 年 1 月 1 日起新发生的投资额，暂停征收固定资产投资方向调节税。但该税种尚未取消。

3. 建设期贷款利息

建设期投资贷款利息即建设项目使用银行或其他金融机构的贷款，在建设期应归还的借款的利息。它在为了筹措建设项目资金所发生的各项费用中是最主要的。建设项目筹建期间借款的利息，按规定可以计入购建资产的价值或开办费。贷款机构在贷出款项时，一般均按复利考虑。对于投资者来说，在项目建设期间，投资项目一般没有还本付息的资金来源，就算按要求还款，其资金也可能是通过再申请借款来支付。当项目建设期长于一年时，为简化计算，可假定借款发生当年均在年中支用，按半年计息，年初欠款按全年计息，这样，建设期投资贷款的利息可按如下公式计算：

$$q_j=\left(P_{j-1}+\frac{1}{2}A_j\right)\cdot i \tag{1-39}$$

式中 q_j——建设期第 j 年应计利息；

P_{j-1}——建设期第（$j-1$）年末贷款累计金额与利息累计金额之和；

A_j——建设期第 j 年贷款金额；

i——年利率。

4. 铺底流动资金

指生产经营性项目投产后，为进行正常生产运营，用于购买原材料、燃料，支付工资及其他经营费用等所需的流动资金。流动资金估算一般是参考现有同类企业的状况采用分项详细估算法，个别情况或小型项目可采用扩大指标法。

（1）分项详细估算法

对计算流动资金需要掌握的流动资产和流动负债这两类因素应分别估算。在可行性研究中，为简化计算，只对存货、现金、应收账款这 3 项流动资产和应付账款这项流动负债进行估算。

（2）扩大指标估算法

1）按建设投资的一定比例估算。如国外化工企业的流动资金通常是按建设投资的15%～20%计算。

2）按经营成本的一定比例估算。

3）按年销售收入的一定比例估算。

4）按单位产量占用流动资金的比例估算。

流动资金一般在投产前进行筹措。从投产第一年开始按生产负荷进行安排，其借款部分以全年计算利息。流动资金利息计入财务费用。项目计算期终回收全部流动资金。

2 工程量清单计价理论知识

2.1 工程量清单计价常用术语

工程量清单计价常用术语及解释见表2-1。

工程量清单计价常用术语及解释 表2-1

序号	术语名称	术语解释
1	工程量清单	载明建设工程分部分项工程项目、措施项目、其他项目的名称和相应数量以及规费、税金项目等内容的明细清单
2	招标工程量清单	招标人依据国家标准、招标文件、设计文件以及施工现场实际情况编制的，随招标文件发布供投标报价的工程量清单，包括其说明和表格
3	已标价工程量清单	构成合同文件组成部分的投标文件中已标明价格，经算术性错误修正（如有）且承包人已确认的工程量清单，包括其说明和表格
4	分部分项工程	分部工程是单项或单位工程的组成部分，是按结构部位、路段长度及施工特点或施工任务将单项或单位工程划分为若干分部的工程；分项工程是分部工程的组成部分，是按不同施工方法、材料、工序及路段长度等将分部工程划分为若干个分项或项目的工程
5	措施项目	为完成工程项目施工，发生于该工程施工准备和施工过程中的技术、生活、安全、环境保护等方面的项目
6	项目编码	分部分项工程和措施项目清单名称的阿拉伯数字标识
7	项目特征	构成分部分项工程项目、措施项目自身价值的本质特征
8	综合单价	完成一个规定清单项目所需的人工费、材料和工程设备费、施工机械使用费和企业管理费、利润以及一定范围内的风险费用
9	风险费用	隐含于已标价工程量清单综合单价中，用于化解发承包双方在工程合同中约定内容和范围内的市场价格波动风险的费用
10	工程成本	承包人为实施合同工程并达到质量标准，在确保安全施工的前提下，必须消耗或使用的人工、材料、工程设备、施工机械台班及其管理等方面发生的费用和按规定缴纳的规费和税金
11	单价合同	发承包双方约定以工程量清单及其综合单价进行合同价款计算、调整和确认的建设工程施工合同
12	总价合同	发承包双方约定以施工图及其预算和有关条件进行合同价款计算、调整和确认的建设工程施工合同
13	成本加酬金合同	发承包双方约定以施工工程成本再加合同约定酬金进行合同价款计算、调整和确认的建设工程施工合同

续表

序号	术语名称	术语解释
14	工程造价信息	工程造价管理机构根据调查和测算发布的建设工程人工、材料、工程设备、施工机械台班的价格信息，以及各类工程的造价指数、指标
15	工程造价指数	反映一定时期的工程造价相对于某一固定时期的工程造价变化程度的比值或比率。包括按单位或单项工程划分的造价指数，按工程造价构成要素划分的人工、材料、机械等价格指数
16	工程变更	合同工程实施过程中由发包人提出或由承包人提出经发包人批准的合同工程任何一项工作的增、减、取消或施工工艺、顺序、时间的改变；设计图纸的修改；施工条件的改变；招标工程量清单的错、漏从而引起合同条件的改变或工程量的增减变化
17	工程量偏差	承包人按照合同工程的图纸（含经发包人批准由承包人提供的图纸）实施，按照现行国家计量规范规定的工程量计算规则计算得到的完成合同工程项目应予计量的工程量与相应的招标工程量清单项目列出的工程量之间出现的量差
18	暂列金额	招标人在工程量清单中暂定并包括在合同价款中的一笔款项。用于工程合同签订时尚未确定或者不可预见的所需材料、工程设备、服务的采购，施工中可能发生的工程变更、合同约定调整因素出现时的合同价款调整以及发生的索赔、现场签证确认等的费用
19	暂估价	招标人在工程量清单中提供的用于支付必然发生但暂时不能确定价格的材料、工程设备的单价以及专业工程的金额
20	计日工	在施工过程中，承包人完成发包人提出的工程合同范围以外的零星项目或工作，按合同中约定的单价计价的一种方式
21	总承包服务费	总承包人为配合协调发包人进行的专业工程发包，对发包人自行采购的材料、工程设备等进行保管以及施工现场管理、竣工资料汇总整理等服务所需的费用
22	安全文明施工费	在合同履行过程中，承包人按照国家法律、法规、标准等规定，为保证安全施工、文明施工，保护现场内外环境和搭拆临时设施等所采用的措施而发生的费用
23	索赔	在工程合同履行过程中，合同当事人一方因非己方的原因遭受损失，按合同约定或法律法规规定应由对方承担责任，从而向对方提出补偿的要求
24	现场签证	发包人现场代表（或其授权的监理人、工程造价咨询人）与承包人现场代表就施工过程中涉及的责任事件所作的签认证明
25	提前竣工（赶工）费	承包人应发包人的要求而采取加快工程进度措施，使合同工程工期缩短，由此产生的应由发包人支付的费用
26	误期赔偿费	承包人未按照合同工程的计划进度施工，导致实际工期超过合同工期（包括经发包人批准的延长工期），承包人应向发包人赔偿损失的费用
27	不可抗力	发承包双方在工程合同签订时不能预见的，对其发生的后果不能避免，并且不能克服的自然灾害和社会性突发事件
28	工程设备	指构成或计划构成永久工程一部分的机电设备、金属结构设备、仪器装置及其他类似的设备和装置
29	缺陷责任期	指承包人对已交付使用的合同工程承担合同约定的缺陷修复责任的期限

续表

序号	术语名称	术语解释
30	质量保证金	发承包双方在工程合同中约定，从应付合同价款中预留，用以保证承包人在缺陷责任期内履行缺陷修复义务的金额
31	费用	承包人为履行合同所发生或将要发生的所有合理开支，包括管理费和应分摊的其他费用，但不包括利润
32	利润	承包人完成合同工程获得的盈利
33	企业定额	施工企业根据本企业的施工技术、机械装备和管理水平而编制的人工、材料和施工机械台班等的消耗标准
34	规费	根据国家法律、法规规定，由省级政府或省级有关权力部门规定施工企业必须缴纳的，应计入建筑安装工程造价的费用
35	税金	国家税法规定的应计入建筑安装工程造价内的营业税、城市维护建设税、教育费附加和地方教育附加
36	发包人	具有工程发包主体资格和支付工程价款能力的当事人以及取得该当事人资格的合法继承人，《建设工程工程量清单计价规范》(GB 50500—2013)有时又称招标人
37	承包人	被发包人接受的具有工程施工承包主体资格的当事人以及取得该当事人资格的合法继承人，《建设工程工程量清单计价规范》(GB 50500—2013)有时又称投标人
38	工程造价咨询人	取得工程造价咨询资质等级证书，接受委托从事建设工程造价咨询活动的当事人以及取得该当事人资格的合法继承人
39	造价工程师	取得造价工程师注册证书，在一个单位注册、从事建设工程造价活动的专业人员
40	造价员	取得全国建设工程造价员资格证书，在一个单位注册、从事建设工程造价活动的专业人员
41	单价项目	工程量清单中以单价计价的项目，即根据合同工程图纸(含设计变更)和相关工程现行国家计量规范规定的工程量计算规则进行计量，与已标价工程量清单相应综合单价进行价款计算的项目
42	总价项目	工程量清单中以总价计价的项目，即此类项目在相关工程现行国家计量规范中无工程量计算规则，以总价(或计算基础乘费率)计算的项目
43	工程计量	发承包双方根据合同约定，对承包人完成合同工程的数量进行的计算和确认
44	工程结算	发承包双方根据合同约定，对合同工程在实施中、终止时、已完工后进行的合同价款计算、调整和确认。包括期中结算、终止结算、竣工结算
45	招标控制价	招标人根据国家或省级、行业建设主管部门颁发的有关计价依据和办法，以及拟定的招标文件和招标工程量清单，结合工程具体情况编制的招标工程的最高投标限价
46	投标价	投标人投标时响应招标文件要求所报出的对已标价工程量清单汇总后标明的总价
47	签约合同价(合同价款)	发承包双方在工程合同中约定的工程造价，包括分部分项工程费、措施项目费、其他项目费、规费和税金的合同总金额

续表

序号	术语名称	术语解释
48	预付款	在开工前，发包人按照合同约定，预先支付给承包人用于购买合同工程施工所需的材料、工程设备，以及组织施工机械和人员进场等的款项
49	进度款	在合同工程施工过程中，发包人按照合同约定对付款周期内承包人完成的合同价款给予支付的款项，也是合同价款期中结算支付
50	合同价款调整	在合同价款调整因素出现后，发承包双方根据合同约定，对合同价款进行变动的提出、计算和确认
51	竣工结算价	发承包双方依据国家有关法律、法规和标准规定，按照合同约定确定的，包括在履行合同过程中按合同约定进行的合同价款调整，是承包人按合同约定完成了全部承包工作后，发包人应付给承包人的合同总金额
52	工程造价鉴定	工程造价咨询人接受人民法院、仲裁机关委托，对施工合同纠纷案件中的工程造价争议，运用专门知识进行鉴别、判断和评定，并提供鉴定意见的活动。也称为工程造价司法鉴定

2.2 工程量清单计价的基本规定

2.2.1 计价方式

（1）使用国有资金投资的建设工程发承包，必须采用工程量清单计价。

（2）非国有资金投资的建设工程，宜采用工程量清单计价。

（3）不采用工程量清单计价的建设工程，应执行《建设工程工程量清单计价规范》（GB 50500—2013）除工程量清单等专门性规定外的其他规定。

（4）工程量清单应采用综合单价计价。

（5）措施项目中的安全文明施工费必须按国家或省级、行业建设主管部门的规定计算，不得作为竞争性费用。

（6）规费和税金必须按国家或省级、行业建设主管部门的规定计算，不得作为竞争性费用。

2.2.2 发包人提供材料和工程设备

（1）发包人提供的材料和工程设备（以下简称甲供材料）应在招标文件中按照表2-2的规定填写《发包人提供材料和工程设备一览表》，写明甲供材料的名称、规格、数量、单价、交货方式、交货地点等。

承包人投标时，甲供材料单价应计入相应项目的综合单价中，签约后，发包人应按合同约定扣除甲供材料款，不予支付。

（2）承包人应根据合同工程进度计划的安排，向发包人提交甲供材料交货的日期计划。发包人应按计划提供。

（3）发包人提供的甲供材料如规格、数量或质量不符合合同要求，或由于发包人原因发生交货日期延误、交货地点及交货方式变更等情况的，发包人应承担由此增加的费用和（或）工期延误，并应向承包人支付合理利润。

（4）发承包双方对甲供材料的数量发生争议不能达成一致的，应按照相关工程的计价定额同类项目规定的材料消耗量计算。

（5）若发包人要求承包人采购已在招标文件中确定为甲供材料的，材料价格应由发承包双方根据市场调查确定，并应另行签订补充协议。

发包人提供材料和工程设备一览表 **表 2-2**

工程名称： 标段： 第 页 共 页

序 号	材料（工程设备）名称、规格、型号	单位	数量	单价（元）	交货方式	送达地点	备注

注：此表由招标人填写，供投标人在投标报价、确定总承包服务费时参考。

2.2.3 承包人提供材料和工程设备

（1）除合同约定的发包人提供的甲供材料外，合同工程所需的材料和工程设备应由承包人提供，承包人提供的材料和工程设备均应由承包人负责采购、运输和保管。

（2）承包人应按合同约定将采购材料和工程设备的供货人及品种、规格、数量和供货时间等提交发包人确认，并负责提供材料和工程设备的质量证明文件，满足合同约定的质量标准。

（3）对承包人提供的材料和工程设备经检测不符合合同约定的质量标准，发包人应立即要求承包人更换，由此增加的费用和（或）工期延误应由承包人承担。对发包人要求检测承包人已具有合格证明的材料、工程设备，但经检测证明该项材料、工程设备符合合同约定的质量标准，发包人应承担由此增加的费用和（或）工期延误，并向承包人支付合理利润。

2.2.4 计价风险

（1）建设工程发承包。必须在招标文件、合同中明确计价中的风险内容及其范围，不得采用无限风险、所有风险或类似语句规定计价中的风险内容及范围。

（2）由于下列因素出现，影响合同价款调整的，应由发包人承担：

1）国家法律、法规、规章和政策发生变化；

2）省级或行业建设主管部门发布的人工费调整，但承包人对人工费或人工单价的报价高于发布的除外；

3）由政府定价或政府指导价管理的原材料等价格进行了调整。

因承包人原因导致工期延误的，应按2.5.2中2.第（2）条、8.的规定执行。

（3）由于市场物价波动影响合同价款的，应由发承包双方合理分摊，按表2-3或表2-4填写《承包人提供主要材料和工程设备一览表》作为合同附件；当合同中没有约定，发承包双方发生争议时，应按2.5.2中8.第（1）～（3）条的规定调整合同价款。

（4）由于承包人使用机械设备、施工技术以及组织管理水平等自身原因造成施工费用增加的，应由承包人全部承担。

（5）当不可抗力发生，影响合同价款时，应按2.5.2中10.的规定执行。

承包人提供主要材料和工程设备一览表

（适用于造价信息差额调整法） **表2-3**

工程名称： 标段： 第 页 共 页

序　号	名称、规格、型号	单位	数量	风险系数（%）	基准单价（元）	投标单价（元）	发承包人确认单价（元）	备注

注：1. 此表由招标人填写除“投标单价”栏的内容，投标人在投标时自主确定投标单价。

2. 招标人应优先采用工程造价管理机构发布的单价作为基准单价，未发布的，通过市场调查确定其基准单价。

承包人提供主要材料和工程设备一览表

（适用于价格指数差额调整法） **表2-4**

工程名称： 标段： 第 页 共 页

序号	名称、规格、型号	变值权重 B	基本价格指数 F_0	现行价格指数 F_t	备注
	定值权重 A		—	—	
合　计		1	—	—	

注：1. “名称、规格、型号”、“基本价格指数”栏由招标人填写，基本价格指数应首先采用工程造价管理机构发布的价格指数，没有时，可采用发布的价格代替。如人工、机械费也采用本法调整，由招标人在“名称”栏填写。

2. “变值权重”栏由投标人根据该项人工、机械费和材料、工程设备价值在投标总报价中所占的比例填写，1减去其比例为定值权重。

3. “现行价格指数”按约定的付款证书相关周期最后一天的前42天的各项价格指数填写，该指数应首先采用工程造价管理机构发布的价格指数，没有时，可采用发布的价格代替。

2.3 工程量清单的编制要求

2.3.1 一般规定

（1）招标工程量清单应由具有编制能力的招标人或受其委托、具有相应资质的工程造价咨询人编制。

（2）招标工程量清单必须作为招标文件的组成部分，其准确性和完整性应由招标人负责。

（3）招标工程量清单是工程量清单计价的基础，应作为编制招标控制价、投标报价、计算或调整工程量、索赔等的依据之一。

（4）招标工程量清单应以单位（项）工程为单位编制，应由分部分项工程项目清单、措施项目清单、其他项目清单、规费和税金项目清单组成。

（5）编制招标工程量清单应依据：

1）《建设工程工程量清单计价规范》（GB 50500—2013）和相关工程的国家计量规范。

2）国家或省级、行业建设主管部门颁发的计价定额和办法。

3）建设工程设计文件及相关资料。

4）与建设工程有关的标准、规范、技术资料。

5）拟定的招标文件。

6）施工现场情况、地质勘查水文资料、工程特点及常规施工方案。

7）其他相关资料。

2.3.2 分部分项工程项目

（1）分部分项工程项目清单必须载明项目编码、项目名称、项目特征、计量单位和工程量。

（2）分部分项工程项目清单必须根据相关工程现行国家计量规范规定的项目编码、项目名称、项目特征、计量单位和工程量计算规则进行编制。

2.3.3 措施项目

（1）措施项目清单必须根据相关工程现行国家计量规范的规定编制。

（2）措施项目清单应根据拟建工程的实际情况列项。

2.3.4 其他项目

（1）其他项目清单应按照下列内容列项：

1）暂列金额。

2）暂估价：包括材料暂估单价、工程设备暂估单价、专业工程暂估价。

3）计日工。

4）总承包服务费。

（2）暂列金额应根据工程特点按有关计价规定估算。

（3）暂估价中的材料、工程设备暂估单价应根据工程造价信息或参照市场价格估算，列出明细表；专业工程暂估价应分不同专业，按有关计价规定估算，列出明细表。

（4）计日工应列出项目名称、计量单位和暂估数量。

（5）总承包服务费应列出服务项目及其内容等。

（6）出现第（1）条未列的项目，应根据工程实际情况补充。

2.3.5 规费

（1）规费项目清单应按照下列内容列项：

1）社会保险费：包括养老保险费、失业保险费、医疗保险费、工伤保险费、生育保险费。

2）住房公积金。

3）工程排污费。

（2）出现第（1）条未列的项目，应根据省级政府或省级有关部门的规定列项。

2.3.6 税金

（1）税金项目清单应包括下列内容：

1）营业税。

2）城市维护建设税。

3）教育费附加。

4）地方教育附加。

（2）出现第（1）条未列的项目，应根据税务部门的规定列项。

2.4 招标控制价与投标报价的编制

2.4.1 招标控制价的编制

1. 一般规定

（1）国有资金投资的建设工程招标。招标人必须编制招标控制价。

（2）招标控制价应由具有编制能力的招标人或受其委托具有相应资质的工程造价咨询人编制和复核。

（3）工程造价咨询人接受招标人委托编制招标控制价，不得再就同一工程接受投标人委托编制投标报价。

（4）招标控制价应按照 2. 第（1）条的规定编制，不应上调或下浮。

（5）当招标控制价超过批准的概算时，招标人应将其报原概算审批部门审核。

（6）招标人应在发布招标文件时公布招标控制价，同时应将招标控制价及有关资料报送工程所在地或有该工程管辖权的行业管理部门工程造价管理机构备查。

2. 编制与复核

（1）招标控制价应根据下列依据编制与复核：

1）《建设工程工程量清单计价规范》（GB 50500—2013）。

2）国家或省级、行业建设主管部门颁发的计价定额和计价办法。

3）建设工程设计文件及相关资料。

4）拟定的招标文件及招标工程量清单。

5）与建设项目相关的标准、规范、技术资料。

6）施工现场情况、工程特点及常规施工方案。

7）工程造价管理机构发布的工程造价信息，当工程造价信息没有发布时，参照市场价。

8）其他的相关资料。

（2）综合单价中应包括招标文件中划分的应由投标人承担的风险范围及其费用。招标文件中没有明确的，如是工程造价咨询人编制，应提请招标人明确；如是招标人编制，应予明确。

（3）分部分项工程和措施项目中的单价项目，应根据拟定的招标文件和招标工程量清单项目中的特征描述及有关要求确定综合单价计算。

（4）措施项目中的总价项目应根据拟定的招标文件和常规施工方案按 2.2.1 中第（4）、（5）条的规定计价。

（5）其他项目应按下列规定计价：

1）暂列金额应按招标工程量清单中列出的金额填写；

2）暂估价中的材料、工程设备单价应按招标工程量清单中列出的单价计入综合单价；

3）暂估价中的专业工程金额应按招标工程量清单中列出的金额填写；

4）计日工应按招标工程量清单中列出的项目根据工程特点和有关计价依据确定综合单价计算；

5）总承包服务费应根据招标工程量清单列出的内容和要求估算。

（6）规费和税金应按 2.2.1 中第（6）条的规定计算。

3. 投诉与处理

（1）投标人经复核认为招标人公布的招标控制价未按照《建设工程工程量清单计价规范》（GB 50500—2013）的规定进行编制的，应在招标控制价公布后 5 天内向招标投标监督机构和工程造价管理机构投诉。

（2）投诉人投诉时，应当提交由单位盖章和法定代表人或其委托人签名或盖章的书面投诉书。投诉书应包括下列内容：

1）投诉人与被投诉人的名称、地址及有效联系方式。

2）投诉的招标工程名称、具体事项及理由。

3）投诉依据及有关证明材料。

4）相关的请求及主张。

（3）投诉人不得进行虚假、恶意投诉，阻碍招标投标活动的正常进行。

（4）工程造价管理机构在接到投诉书后应在 2 个工作日内进行审查，对有下列情况之一的，不予受理：

1）投诉人不是所投诉招标工程招标文件的收受人。

2）投诉书提交的时间不符合第（1）条规定的。

3）投诉书不符合第（2）条规定的。

4）投诉事项已进入行政复议或行政诉讼程序的。

（5）工程造价管理机构应在不迟于结束审查的次日将是否受理投诉的决定书面通知投诉人、被投诉人以及负责该工程招标投标监督的招标投标管理机构。

（6）工程造价管理机构受理投诉后，应立即对招标控制价进行复查，组织投诉人、被投诉人或其委托的招标控制价编制人等单位人员对投诉问题逐一核对。有关当事人应当予以配合，并应保证所提供资料的真实性。

（7）工程造价管理机构应当在受理投诉的10天内完成复查，特殊情况下可适当延长，并作出书面结论通知投诉人、被投诉人及负责该工程招标投标监督的招标投标管理机构。

（8）当招标控制价复查结论与原公布的招标控制价误差大于±3%时，应当责成招标人改正。

（9）招标人根据招标控制价复查结论需要重新公布招标控制价的，其最终公布的时间至招标文件要求提交投标文件截止时间不足15天的，应相应延长投标文件的截止时间。

2.4.2 投标报价的编制

1. 一般规定

（1）投标价应由投标人或受其委托具有相应资质的工程造价咨询人编制。

（2）投标人应依据2. 第（1）条的规定自主确定投标报价。

（3）投标报价不得低于工程成本。

（4）投标人必须按招标工程量清单填报价格。项目编码、项目名称、项目特征、计量单位、工程量必须与招标工程量清单一致。

（5）投标人的投标报价高于招标控制价的应予废标。

2. 编制与复核

（1）投标报价应根据下列依据编制和复核：

1）《建设工程工程量清单计价规范》(GB 50500—2013)。

2）国家或省级、行业建设主管部门颁发的计价办法。

3）企业定额，国家或省级、行业建设主管部门颁发的计价定额和计价办法。

4）招标文件、招标工程量清单及其补充通知、答疑纪要。

5）建设工程设计文件及相关资料。

6）施工现场情况、工程特点及投标时拟定的施工组织设计或施工方案。

7）与建设项目相关的标准、规范等技术资料。

8）市场价格信息或工程造价管理机构发布的工程造价信息。

9）其他的相关资料。

（2）综合单价中应包括招标文件中划分的应由投标人承担的风险范围及其费用，招标文件中没有明确的，应提请招标人明确。

（3）分部分项工程和措施项目中的单价项目，应根据招标文件和招标工程量清单项目中的特征描述确定综合单价计算。

（4）措施项目中的总价项目金额应根据招标文件及投标时拟定的施工组织设计或施工方案，按2.2.1中第（4）条的规定自主确定。其中安全文明施工费应按照2.2.1中第

(5) 条的规定确定。

(5) 其他项目应按下列规定报价：

1) 暂列金额应按招标工程量清单中列出的金额填写。

2) 材料、工程设备暂估价应按招标工程量清单中列出的单价计入综合单价。

3) 专业工程暂估价应按招标工程量清单中列出的金额填写。

4) 计日工应按招标工程量清单中列出的项目和数量，自主确定综合单价并计算计日工金额。

5) 总承包服务费应根据招标工程量清单中列出的内容和提出的要求自主确定。

(6) 规费和税金应按 2.2.1 中第 (6) 条的规定确定。

(7) 招标工程量清单与计价表中列明的所有需要填写单价和合价的项目，投标人均应填写且只允许有一个报价。未填写单价和合价的项目，可视为此项费用已包含在已标价工程量清单中其他项目的单价和合价之中。当竣工结算时，此项目不得重新组价予以调整。

(8) 投标总价应当与分部分项工程费、措施项目费、其他项目费和规费、税金的合计金额一致。

2.5 合同价款的约定与调整

2.5.1 合同价款的约定

1. 一般规定

(1) 实行招标的工程合同价款应在中标通知书发出之日起 30 天内，由发承包双方依据招标文件和中标人的投标文件在书面合同中约定。

合同约定不得违背招标、投标文件中关于工期、造价、质量等方面的实质性内容。招标文件与中标人投标文件不一致的地方，应以投标文件为准。

(2) 不实行招标的工程合同价款，应在发承包双方认可的工程价款基础上，由发承包双方在合同中约定。

(3) 实行工程量清单计价的工程，应采用单价合同；建设规模较小，技术难度较低，工期较短，且施工图设计已审查批准的建设工程可采用总价合同；紧急抢险、救灾以及施工技术特别复杂的建设工程可采用成本加酬金合同。

2. 约定内容

(1) 发承包双方应在合同条款中对下列事项进行约定：

1) 预付工程款的数额、支付时间及抵扣方式。

2) 安全文明施工措施的支付计划，使用要求等。

3) 工程计量与支付工程进度款的方式、数额及时间。

4) 工程价款的调整因素、方法、程序、支付及时间。

5) 施工索赔与现场签证的程序、金额确认与支付时间。

6) 承担计价风险的内容、范围以及超出约定内容、范围的调整办法。

7) 工程竣工价款结算编制与核对、支付及时间。

8) 工程质量保证金的数额、预留方式及时间。

9）违约责任以及发生合同价款争议的解决方法及时间。

10）与履行合同、支付价款有关的其他事项等。

（2）合同中没有按照第（1）条的要求约定或约定不明的，若发承包双方在合同履行中发生争议由双方协商确定；当协商不能达成一致时，应按《建设工程工程量清单计价规范》（GB 50500—2013）的规定执行。

2.5.2 合同价款的调整

1. 一般规定

（1）下列事项（但不限于）发生，发承包双方应当按照合同约定调整合同价款：

1）法律法规变化。

2）工程变更。

3）项目特征不符。

4）工程量清单缺项。

5）工程量偏差。

6）计日工。

7）物价变化。

8）暂估价。

9）不可抗力。

10）提前竣工（赶工补偿）。

11）误期赔偿。

12）索赔。

13）现场签证。

14）暂列金额。

15）发承包双方约定的其他调整事项。

（2）出现合同价款调增事项（不含工程量偏差、计日工、现场签证、索赔）后的14天内，承包人应向发包人提交合同价款调增报告并附上相关资料；承包人在14天内未提交合同价款调增报告的，应视为承包人对该事项不存在调整价款请求。

（3）出现合同价款调减事项（不含工程量偏差、索赔）后的14天内，发包人应向承包人提交合同价款调减报告并附相关资料；发包人在14天内未提交合同价款调减报告的，应视为发包人对该事项不存在调整价款请求。

（4）发（承）包人应在收到承（发）包人合同价款调增（减）报告及相关资料之日起14天内对其核实，予以确认的应书面通知承（发）包人。当有疑问时，应向承（发）包人提出协商意见。发（承）包人在收到合同价款调增（减）报告之日起14天内未确认也未提出协商意见的，应视为承（发）包人提交的合同价款调增（减）报告已被发（承）包人认可。发（承）包人提出协商意见的，承（发）包人应在收到协商意见后的14天内对其核实，予以确认的应书面通知发（承）包人。承（发）包人在收到发（承）包人的协商意见后14天内既不确认也未提出不同意见的，应视为发（承）包人提出的意见已被承（发）包人认可。

（5）发包人与承包人对合同价款调整的不同意见不能达成一致的，只要对发承包双方履约不产生实质影响，双方应继续履行合同义务，直到其按照合同约定的争议解决方式得到处理。

（6）经发承包双方确认调整的合同价款，作为追加（减）合同价款，应与工程进度款或结算款同期支付。

2. 法律法规变化

（1）招标工程以投标截止日前28天、非招标工程以合同签订前28天为基准日，其后因国家的法律、法规、规章和政策发生变化引起工程造价增减变化的，发承包双方应按照省级或行业建设主管部门或其授权的工程造价管理机构据此发布的规定调整合同价款。

（2）因承包人原因导致工期延误的，按第（1）条规定的调整时间，在合同工程原定竣工时间之后，合同价款调增的不予调整，合同价款调减的予以调整。

3. 工程变更

（1）因工程变更引起已标价工程量清单项目或其工程数量发生变化时，应按照下列规定调整：

1）已标价工程量清单中有适用于变更工程项目的，应采用该项目的单价；但当工程变更导致该清单项目的工程数量发生变化，且工程量偏差超过15%时，该项目单价应按照6. 第（2）条的规定调整。

2）已标价工程量清单中没有适用但有类似于变更工程项目的，可在合理范围内参照类似项目的单价。

3）已标价工程量清单中没有适用也没有类似于变更工程项目的，应由承包人根据变更工程资料、计量规则和计价办法、工程造价管理机构发布的信息价格和承包人报价浮动率提出变更工程项目的单价，并应报发包人确认后调整。承包人报价浮动率可按下列公式计算：

招标工程：

$$\text{承包人报价浮动率 } L=(1-\text{中标价}/\text{招标控制价})\times 100\% \tag{2-1}$$

非招标工程：

$$\text{承包人报价浮动率 } L=(1-\text{报价}/\text{施工图预算})\times 100\% \tag{2-2}$$

4）已标价工程量清单中没有适用也没有类似于变更工程项目，且工程造价管理机构发布的信息价格缺价的，应由承包人根据变更工程资料、计量规则、计价办法和通过市场调查等取得有合法依据的市场价格提出变更工程项目的单价，并应报发包人确认后调整。

（2）工程变更引起施工方案改变并使措施项目发生变化时，承包人提出调整措施项目费的，应事先将拟实施的方案提交发包人确认，并应详细说明与原方案措施项目相比的变化情况。拟实施的方案经发承包双方确认后执行，并应按照下列规定调整措施项目费：

1）安全文明施工费应按照实际发生变化的措施项目依据2.2.1第（5）条的规定计算。

2）采用单价计算的措施项目费，应按照实际发生变化的措施项目，按（1）的规定确定单价。

3）按总价（或系数）计算的措施项目费，按照实际发生变化的措施项目调整，但应考虑承包人报价浮动因素，即调整金额按照实际调整金额乘以（1）规定的承包人报价浮动率计算。

如果承包人未事先将拟实施的方案提交给发包人确认，则应视为工程变更不引起措施项目费的调整或承包人放弃调整措施项目费的权利。

（3）当发包人提出的工程变更因非承包人原因删减了合同中的某项原定工作或工程，致使承包人发生的费用或（和）得到的收益不能被包括在其他已支付或应支付的项目中，也未被包含在任何替代的工作或工程中时，承包人有权提出并应得到合理的费用及利润补偿。

4. 项目特征不符

（1）发包人在招标工程量清单中对项目特征的描述，应被认为是准确的和全面的，并且与实际施工要求相符合。承包人应按照发包人提供的招标工程量清单，根据项目特征描述的内容及有关要求实施合同工程，直到项目被改变为止。

（2）承包人应按照发包人提供的设计图纸实施合同工程，若在合同履行期间出现设计图纸（含设计变更）与招标工程量清单任一项目的特征描述不符，且该变化引起该项目工程造价增减变化的，应按照实际施工的项目特征，按 3. 相关条款的规定重新确定相应工程量清单项目的综合单价，并调整合同价款。

5. 工程量清单缺项

（1）合同履行期间，由于招标工程量清单中缺项，新增分部分项工程清单项目的，应按照 2.2.1 第（1）条的规定确定单价，并调整合同价款。

（2）新增分部分项工程清单项目后，引起措施项目发生变化的，应按 3. 第（2）条的规定，在承包人提交的实施方案被发包人批准后调整合同价款。

（3）由于招标工程量清单中措施项目缺项，承包人应将新增措施项目实施方案提交发包人批准后，按照 3. 第（1）条、第（2）条的规定调整合同价款。

6. 工程量偏差

（1）合同履行期间，当应予计算的实际工程量与招标工程量清单出现偏差，且符合下列（2）、（3）条规定时，发承包双方应调整合同价款。

（2）对于任一招标工程量清单项目，当因本节规定的工程量偏差和 3. 规定的工程变更等原因导致工程量偏差超过 15%时，可进行调整。当工程量增加 15%以上时，增加部分的工程量的综合单价应予调低；当工程量减少 15%以上时，减少后剩余部分的工程量的综合单价应予调高。

（3）当工程量出现上述（2）条的变化，且该变化引起相关措施项目相应发生变化时，按系数或单一总价方式计价的，工程量增加的措施项目费调增，工程量减少的措施项目费调减。

7. 计日工

（1）发包人通知承包人以计日工方式实施的零星工作，承包人应予执行。

（2）采用计日工计价的任何一项变更工作，在该项变更的实施过程中，承包人应按合同约定提交下列报表和有关凭证送发包人复核：

1）工作名称、内容和数量。

2）投入该工作所有人员的姓名、工种、级别和耗用工时。

3）投入该工作的材料名称、类别和数量。

4）投入该工作的施工设备型号、台数和耗用台时。

5）发包人要求提交的其他资料和凭证。

（3）任一计日工项目持续进行时，承包人应在该项工作实施结束后的 24 小时内向发包人提交有计日工记录汇总的现场签证报告一式三份。发包人在收到承包人提交现场签证报告后的 2 天内予以确认并将其中一份返还给承包人，作为计日工计价和支付的依据。发包人逾期未确认也未提出修改意见的，应视为承包人提交的现场签证报告已被发包人认可。

（4）任一计日工项目实施结束后，承包人应按照确认的计日工现场签证报告核实该类项目的工程数量，并应根据核实的工程数量和承包人已标价工程量清单中的计日工单价计算，提出应付价款；已标价工程量清单中没有该类计日工单价的，由发承包双方按 3. 工程变更的规定商定计日工单价计算。

（5）每个支付期末，承包人应按照 2.5.3 中 3. 的规定向发包人提交本期间所有计日工记录的签证汇总表，并应说明本期间自己认为有权得到的计日工金额，调整合同价款，列入进度款支付。

8. 物价变化

（1）合同履行期间，因人工、材料、工程设备、机械台班价格波动影响合同价款时，应根据合同约定，按《建设工程工程量清单计价规范》（GB 50500—2013）附录 A 的方法之一调整合同价款。

（2）承包人采购材料和工程设备的，应在合同中约定主要材料、工程设备价格变化的范围或幅度；当没有约定，且材料、工程设备单价变化超过 5%时，超过部分的价格应按照《建设工程工程量清单计价规范》（GB 50500—2013）附录 A 的方法计算调整材料、工程设备费。

（3）发生合同工程工期延误的，应按照下列规定确定合同履行期的价格调整：

1）因非承包人原因导致工期延误的，计划进度日期后续工程的价格，应采用计划进度日期与实际进度日期两者的较高者。

2）因承包人原因导致工期延误的，计划进度日期后续工程的价格，应采用计划进度日期与实际进度日期两者的较低者。

（4）发包人供应材料和工程设备的，不适用上述（1）、（2）条规定，应由发包人按照实际变化调整，列入合同工程的工程造价内。

9. 暂估价

（1）发包人在招标工程量清单中给定暂估价的材料、工程设备属于依法必须招标的，应由发承包双方以招标的方式选择供应商，确定价格，并应以此为依据取代暂估价，调整合同价款。

（2）发包人在招标工程量清单中给定暂估价的材料、工程设备不属于依法必须招标的，应由承包人按照合同约定采购，经发包人确认单价后取代暂估价，调整合同价款。

（3）发包人在工程量清单中给定暂估价的专业工程不属于依法必须招标的，应按照 3. 工程变更相应条款的规定确定专业工程价款，并应以此为依据取代专业工程暂估价，调整合同价款。

（4）发包人在招标工程量清单中给定暂估价的专业工程，依法必须招标的，应当由发承包双方依法组织招标选择专业分包人，并接受有管辖权的建设工程招标投标管理机构的监督，还应符合下列要求：

1）除合同另有约定外，承包人不参加投标的专业工程发包招标，应由承包人作为招标人，但拟定的招标文件、评标工作、评标结果应报送发包人批准。与组织招标工作有关的费用应当被认为已经包括在承包人的签约合同价（投标总报价）中。

2）承包人参加投标的专业工程发包招标，应由发包人作为招标人，与组织招标工作有关的费用由发包人承担。同等条件下，应优先选择承包人中标。

3）应以专业工程发包中标价为依据取代专业工程暂估价，调整合同价款。

10. 不可抗力

（1）因不可抗力事件导致的人员伤亡、财产损失及其费用增加，发承包双方应按下列原则分别承担并调整合同价款和工期：

1）合同工程本身的损害、因工程损害导致第三方人员伤亡和财产损失以及运至施工场地用于施工的材料和待安装的设备的损害，应由发包人承担。

2）发包人、承包人人员伤亡应由其所在单位负责，并应承担相应费用。

3）承包人的施工机械设备损坏及停工损失，应由承包人承担。

4）停工期间，承包人应发包人要求留在施工场地的必要的管理人员及保卫人员的费用应由发包人承担。

5）工程所需清理、修复费用，应由发包人承担。

（2）不可抗力解除后复工的，若不能按期竣工，应合理延长工期。发包人要求赶工的，赶工费用应由发包人承担。

（3）因不可抗力解除合同的，应按 2.5.4 中第（2）条的规定办理。

11. 提前竣工（赶工补偿）

（1）招标人应依据相关工程的工期定额合理计算工期，压缩的工期天数不得超过定额工期的 20%，超过者，应在招标文件中明示增加赶工费用。

（2）发包人要求合同工程提前竣工的，应征得承包人同意后与承包人商定采取加快工程进度的措施，并应修订合同工程进度计划。发包人应承担承包人由此增加的提前竣工（赶工补偿）费用。

（3）发承包双方应在合同中约定提前竣工每日历天应补偿额度，此项费用应作为增加合同价款列入竣工结算文件中，应与结算款一并支付。

12. 误期赔偿

（1）承包人未按照合同约定施工，导致实际进度迟于计划进度的，承包人应加快进度，实现合同工期。

合同工程发生误期，承包人应赔偿发包人由此造成的损失，并应按照合同约定向发包人支付误期赔偿费。即使承包人支付误期赔偿费，也不能免除承包人按照合同约定应承担的任何责任和应履行的任何义务。

（2）发承包双方应在合同中约定误期赔偿费，并应明确每日历天应赔额度。误期赔偿费应列入竣工结算文件中，并应在结算款中扣除。

（3）在工程竣工之前，合同工程内的某单项（位）工程已通过了竣工验收，且该单项（位）工程接收证书中表明的竣工日期并未延误，而是合同工程的其他部分产生了工期延误时，误期赔偿费应按照已颁发工程接收证书的单项（位）工程造价占合同价款的比例幅度予以扣减。

13. 索赔

（1）当合同一方向另一方提出索赔时，应有正当的索赔理由和有效证据，并应符合合同的相关约定。

（2）根据合同约定，承包人认为非承包人原因发生的事件造成了承包人的损失，应按下列程序向发包人提出索赔：

1）承包人应在知道或应当知道索赔事件发生后28天内，向发包人提交索赔意向通知书，说明发生索赔事件的事由。承包人逾期未发出索赔意向通知书的，丧失索赔的权利。

2）承包人应在发出索赔意向通知书后28天内，向发包人正式提交索赔通知书。索赔通知书应详细说明索赔理由和要求，并应附必要的记录和证明材料。

3）索赔事件具有连续影响的，承包人应继续提交延续索赔通知，说明连续影响的实际情况和记录。

4）在索赔事件影响结束后的28天内，承包人应向发包人提交最终索赔通知书，说明最终索赔要求，并应附必要的记录和证明材料。

（3）承包人索赔应按下列程序处理：

1）发包人收到承包人的索赔通知书后，应及时查验承包人的记录和证明材料。

2）发包人应在收到索赔通知书或有关索赔的进一步证明材料后的28天内，将索赔处理结果答复承包人，如果发包人逾期未作出答复，视为承包人索赔要求已被发包人认可。

3）承包人接受索赔处理结果的，索赔款项应作为增加合同价款，在当期进度款中进行支付；承包人不接受索赔处理结果的，应按合同约定的争议解决方式办理。

（4）承包人要求赔偿时，可以选择下列一项或几项方式获得赔偿：

1）延长工期。

2）要求发包人支付实际发生的额外费用。

3）要求发包人支付合理的预期利润。

4）要求发包人按合同的约定支付违约金。

（5）当承包人的费用索赔与工期索赔要求相关联时，发包人在作出费用索赔的批准决定时，应结合工程延期，综合作出费用赔偿和工程延期的决定。

（6）发承包双方在按合同约定办理了竣工结算后，应被认为承包人已无权再提出竣工结算前所发生的任何索赔。承包人在提交的最终结清申请中，只限于提出竣工结算后的索赔，提出索赔的期限应自发承包双方最终结清时终止。

（7）根据合同约定，发包人认为由于承包人的原因造成发包人的损失，宜按承包人索赔的程序进行索赔。

（8）发包人要求赔偿时，可以选择下列一项或几项方式获得赔偿：

1）延长质量缺陷修复期限；

2）要求承包人支付实际发生的额外费用；

3）要求承包人按合同的约定支付违约金。

（9）承包人应付给发包人的索赔金额可从拟支付给承包人的合同价款中扣除，或由承包人以其他方式支付给发包人。

14. 现场签证

（1）承包人应发包人要求完成合同以外的零星项目、非承包人责任事件等工作的，发包人应及时以书面形式向承包人发出指令，并应提供所需的相关资料；承包人在收到指令后，应及时向发包人提出现场签证要求。

（2）承包人应在收到发包人指令后的7天内向发包人提交现场签证报告，发包人应在收到现场签证报告后的48小时内对报告内容进行核实，予以确认或提出修改意见。发包人在收到承包人现场签证，报告后的48小时内未确认也未提出修改意见的，应视为承包人提交的现场签证报告已被发包人认可。

（3）现场签证的工作如已有相应的计日工单价，现场签证中应列明完成该类项目所需的人工、材料、工程设备和施工机械台班的数量。如现场签证的工作没有相应的计日工单价，应在现场签证报告中列明完成该签证工作所需的人工、材料设备和施工机械台班的数量及单价。

（4）合同工程发生现场签证事项，未经发包人签证确认，承包人便擅自施工的，除非征得发包人书面同意，否则发生的费用应由承包人承担。

（5）现场签证工作完成后的7天内，承包人应按照现场签证内容计算价款，报送发包人确认后，作为增加合同价款，与进度款同期支付。

（6）在施工过程中，当发现合同工程内容因场地条件、地质水文、发包人要求等不一致时，承包人应提供所需的相关资料，并提交发包人签证认可，作为合同价款调整的依据。

15. 暂列金额

（1）已签约合同价中的暂列金额应由发包人掌握使用。

（2）发包人按照前述1～14项的规定支付后，暂列金额余额应归发包人所有。

2.5.3 合同价款期中支付

1. 预付款

（1）承包人应将预付款专用于合同工程。

（2）包工包料工程的预付款的支付比例不得低于签约合同价（扣除暂列金额）的10%，不宜高于签约合同价（扣除暂列金额）的30%。

（3）承包人应在签订合同或向发包人提供与预付款等额的预付款保函后向发包人提交预付款支付申请。

（4）发包人应在收到支付申请的7天内进行核实，向承包人发出预付款支付证书，并在签发支付证书后的7天内向承包人支付预付款。

（5）发包人没有按合同约定按时支付预付款的，承包人可催告发包人支付；发包人在预付款期满后的7天内仍未支付的，承包人可在付款期满后的第8天起暂停施工。发包人应承担由此增加的费用和延误的工期，并应向承包人支付合理利润。

（6）预付款应从每一个支付期应支付给承包人的工程进度款中扣回，直到扣回的金额达到合同约定的预付款金额为止。

（7）承包人的预付款保函的担保金额根据预付款扣回的数额相应递减，但在预付款全部扣回之前一直保持有效。发包人应在预付款扣完后的14天内将预付款保函退还给承包人。

2. 安全文明施工费

（1）安全文明施工费包括的内容和使用范围，应符合国家有关文件和计量规范的规定。

（2）发包人应在工程开工后的28天内预付不低于当年施工进度计划的安全文明施工费总额的60%，其余部分应按照提前安排的原则进行分解，并应与进度款同期支付。

（3）发包人没有按时支付安全文明施工费的，承包人可催告发包人支付；发包人在付款期满后的7天内仍未支付的，若发生安全事故，发包人应承担相应责任。

（4）承包人对安全文明施工费应专款专用，在财务账目中应单独列项备查，不得挪作他用，否则发包人有权要求其限期改正；逾期未改正的，造成的损失和延误的工期应由承包人承担。

3. 进度款

（1）发承包双方应按照合同约定的时间、程序和方法，根据工程计量结果，办理期中价款结算，支付进度款。

（2）进度款支付周期应与合同约定的工程计量周期一致。

（3）已标价工程量清单中的单价项目，承包人应按工程计量确认的工程量与综合单价计算；综合单价发生调整的，以发承包双方确认调整的综合单价计算进度款。

（4）已标价工程量清单中的总价项目和按照2.6.3中第（2）条规定形成的总价合同，承包人应按合同中约定的进度款支付分解，分别列入进度款支付申请中的安全文明施工费和本周期应支付的总价项目的金额中。

（5）发包人提供的甲供材料金额，应按照发包人签约提供的单价和数量从进度款支付中扣除，列入本周期应扣减的金额中。

（6）承包人现场签证和得到发包人确认的索赔金额应列入本周期应增加的金额中。

（7）进度款的支付比例按照合同约定，按期中结算价款总额计，不低于60%，不高于90%。

（8）承包人应在每个计量周期到期后的7天内向发包人提交已完工程进度款支付申请一式四份，详细说明此周期认为有权得到的款额，包括分包人已完工程的价款。支付申请应包括下列内容：

1）累计已完成的合同价款。

2）累计已实际支付的合同价款。

3）本周期合计完成的合同价款：

① 本周期已完成单价项目的金额。

② 本周期应支付的总价项目的金额。

③ 本周期已完成的计日工价款。

④ 本周期应支付的安全文明施工费。

⑤ 本周期应增加的金额。

4）本周期合计应扣减的金额：

① 本周期应扣回的预付款。

② 本周期应扣减的金额。

5）本周期实际应支付的合同价款。

（9）发包人应在收到承包人进度款支付申请后的14天内，根据计量结果和合同约定对申请内容予以核实，确认后向承包人出具进度款支付证书。若发承包双方对部分清单项目的计量结果出现争议，发包人应对无争议部分的工程计量结果向承包人出具进度款支付证书。

（10）发包人应在签发进度款支付证书后的14天内，按照支付证书列明的金额向承包人支付进度款。

（11）若发包人逾期未签发进度款支付证书，则视为承包人提交的进度款支付申请已被发包人认可，承包人可向发包人发出催告付款的通知。发包人应在收到通知后的14天内，按照承包人支付申请的金额向承包人支付进度款。

（12）发包人未按照（9）～（11）条的规定支付进度款的，承包人可催告发包人支付，并有权获得延迟支付的利息；发包人在付款期满后的7天内仍未支付的，承包人可在付款期满后的第8天起暂停施工。发包人应承担由此增加的费用和延误的工期，向承包人支付合理利润，并应承担违约责任。

（13）发现已签发的任何支付证书有错、漏或重复的数额，发包人有权予以修正，承包人也有权提出修正申请。经发承包双方复核同意修正的，应在本次到期的进度款中支付或扣除。

2.5.4 合同解除的价款结算与支付

（1）发承包双方协商一致解除合同的，应按照达成的协议办理结算和支付合同价款。

（2）由于不可抗力致使合同无法履行需解除合同的，发包人应向承包人支付合同解除之日前已完成工程但尚未支付的合同价款，此外，还应支付下列金额：

1）2.5.2中11.第（1）条规定的由发包人承担的费用。

2）已实施或部分实施的措施项目应付价款。

3）承包人为合同工程合理订购且已交付的材料和工程设备货款。

4）承包人撤离现场所需的合理费用，包括员工遣送费和临时工程拆除、施工设备运离现场的费用。

5）承包人为完成合同工程而预期开支的任何合理费用，且该项费用未包括在本款其他各项支付之内。

发承包双方办理结算合同价款时，应扣除合同解除之日前发包人应向承包人收回的价款。当发包人应扣除的金额超过了应支付的金额，承包人应在合同解除后的56天内将其差额退还给发包人。

（3）因承包人违约解除合同的，发包人应暂停向承包人支付任何价款。发包人应在合同解除后28天内核实合同解除时承包人已完成的全部合同价款以及按施工进度计划已运至现场的材料和工程设备货款，按合同约定核算承包人应支付的违约金以及造成损失的索赔金额，并将结果通知承包人。发承包双方应在28天内予以确认或提出意见，并应办理结算合同价款。如果发包人应扣除的金额超过了应支付的金额，承包人应在合同解除后的56天内将其差额退还给发包人。发承包双方不能就解除合同后的结算达成一致的，按照合同约定的争议解决方式处理。

（4）因发包人违约解除合同的，发包人除应按照（2）的规定向承包人支付各项价款外，还应按合同约定核算发包人应支付的违约金以及给承包人造成损失或损害的索赔金额费用。该笔费用应由承包人提出，发包人核实后应与承包人协商确定后的7天内向承包人签发支付证书。协商不能达成一致的，应按照合同约定的争议解决方式处理。

2.5.5 合同价款争议的解决

1. 监理或造价工程师暂定

（1）若发包人和承包人之间就工程质量、进度、价款支付与扣除、工期延期、索赔、价款调整等发生任何法律上、经济上或技术上的争议，首先应根据已签约合同的规定，提交合同约定职责范围内的总监理工程师或造价工程师解决，并应抄送另一方。总监理工程师或造价工程师在收到此提交件后14天内应将暂定结果通知发包人和承包人。发承包双方对暂定结果认可的，应以书面形式予以确认，暂定结果成为最终决定。

（2）发承包双方在收到总监理工程师或造价工程师的暂定结果通知之后的14天内未对暂定结果予以确认也未提出不同意见的，应视为发承包双方已认可该暂定结果。

（3）发承包双方或一方不同意暂定结果的，应以书面形式向总监理工程师或造价工程师提出，说明自己认为正确的结果，同时抄送另一方，此时该暂定结果成为争议。在暂定结果对发承包双方当事人履约不产生实质影响的前提下，发承包双方应实施该结果，直到按照发承包双方认可的争议解决办法被改变为止。

2. 管理机构的解释或认定

（1）合同价款争议发生后，发承包双方可就工程计价依据的争议以书面形式提请工程造价管理机构对争议以书面文件进行解释或认定。

（2）工程造价管理机构应在收到申请的10个工作日内就发承包双方提请的争议问题进行解释或认定。

（3）发承包双方或一方在收到工程造价管理机构书面解释或认定后仍可按照合同约定的争议解决方式提请仲裁或诉讼。除工程造价管理机构的上级管理部门作出了不同的解释或认定，或在仲裁裁决或法院判决中不予采信的外，工程造价管理机构作出的书面解释或认定应为最终结果，并应对发承包双方均有约束力。

3. 协商和解

（1）合同价款争议发生后，发承包双方任何时候都可以进行协商。协商达成一致的，双方应签订书面和解协议，和解协议对发承包双方均有约束力。

（2）如果协商不能达成一致协议，发包人或承包人都可以按合同约定的其他方式解决争议。

4. 调解

（1）发承包双方应在合同中约定或在合同签订后共同约定争议调解人，负责双方在合同履行过程中发生争议的调解。

（2）合同履行期间，发承包双方可协议调换或终止任何调解人，但发包人或承包人都不能单独采取行动。除非双方另有协议，在最终结清支付证书生效后，调解人的任期应即终止。

（3）如果发承包双方发生了争议，任何一方可将该争议以书面形式提交调解人，并将副本抄送另一方，委托调解人调解。

（4）发承包双方应按照调解人提出的要求，给调解人提供所需要的资料、现场进入权及相应设施。调解人应被视为不是在进行仲裁人的工作。

（5）调解人应在收到调解委托后 28 天内或由调解人建议并经发承包双方认可的其他期限内提出调解书，发承包双方接受调解书的，经双方签字后作为合同的补充文件，对发承包双方均具有约束力，双方都应立即遵照执行。

（6）当发承包双方中任一方对调解人的调解书有异议时，应在收到调解书后 28 天内向另一方发出异议通知，并应说明争议的事项和理由。但除非并直到调解书在协商和解或仲裁裁决、诉讼判决中作出修改，或合同已经解除，否则承包人应继续按照合同实施工程。

（7）当调解人已就争议事项向发承包双方提交了调解书，而任一方在收到调解书后 28 天内均未发出表示异议的通知时，调解书对发承包双方应均具有约束力。

5. 仲裁、诉讼

（1）发承包双方的协商和解或调解均未达成一致意见，其中的一方已就此争议事项根据合同约定的仲裁协议申请仲裁，应同时通知另一方。

（2）仲裁可在竣工之前或之后进行，但发包人、承包人、调解人各自的义务不得因在工程实施期间进行仲裁而有所改变。当仲裁是在仲裁机构要求停止施工的情况下进行时，承包人应对合同工程采取保护措施，由此增加的费用应由败诉方承担。

（3）在上述 1～4 项规定的期限之内，暂定或和解协议或调解书已经有约束力的情况下，当发承包中一方未能遵守暂定或和解协议或调解书时，另一方可在不损害他可能具有的任何其他权利的情况下，将未能遵守暂定或不执行和解协议或调解书达成的事项提交仲裁。

（4）发包人、承包人在履行合同时发生争议，双方不愿和解、调解或者和解、调解不成，又没有达成仲裁协议的，可依法向人民法院提起诉讼。

2.6 工程计量与计价

2.6.1 一般规定

（1）工程量必须按照相关工程现行国家计量规范规定的工程量计算规则计算。

（2）工程计量可选择按月或按工程形象进度分段计量，具体计量周期应在合同中约定。

（3）因承包人原因造成的超出合同工程范围施工或返工的工程量，发包人不予计量。

（4）成本加酬金合同应按 2.5.1 节的规定计量。

2.6.2 单价合同的计量

（1）工程量必须以承包人完成合同工程应予计量的工程量确定。

（2）施工中进行工程计量，当发现招标工程量清单中出现缺项、工程量偏差，或因工程变更引起工程量增减时，应按承包人在履行合同义务中完成的工程量计算。

（3）承包人应当按照合同约定的计量周期和时间向发包人提交当期已完工程量报告。发包人应在收到报告后7天内核实，并将核实计量结果通知承包人。发包人未在约定时间内进行核实的，承包人提交的计量报告中所列的工程量应视为承包人实际完成的工程量。

（4）发包人认为需要进行现场计量核实时，应在计量前24小时通知承包人，承包人应为计量提供便利条件并派人参加。当双方均同意核实结果时，双方应在上述记录上签字确认。承包人收到通知后不派人参加计量，视为认可发包人的计量核实结果。发包人不按照约定时间通知承包人，致使承包人未能派人参加计量，计量核实结果无效。

（5）当承包人认为发包人核实后的计量结果有误时，应在收到计量结果通知后的7天内向发包人提出书面意见，并应附上其认为正确的计量结果和详细的计算资料。发包人收到书面意见后，应在7天内对承包人的计量结果进行复核后通知承包人。承包人对复核计量结果仍有异议的，按照合同约定的争议解决办法处理。

（6）承包人完成已标价工程量清单中每个项目的工程量并经发包人核实无误后，发承包双方应对每个项目的历次计量报表进行汇总，以核实最终结算工程量，并应在汇总表上签字确认。

2.6.3 总价合同的计量

（1）采用工程量清单方式招标形成的总价合同，其工程量应按照2.5.3节的规定计算。

（2）采用经审定批准的施工图纸及其预算方式发包形成的总价合同，除按照工程变更规定的工程量增减外，总价合同各项目的工程量应为承包人用于结算的最终工程量。

（3）总价合同约定的项目计量应以合同工程经审定批准的施工图纸为依据，发承包双方应在合同中约定工程计量的形象目标或时间节点进行计量。

（4）承包人应在合同约定的每个计量周期内对已完成的工程进行计量，并向发包人提交达到工程形象目标完成的工程量和有关计量资料的报告。

（5）发包人应在收到报告后7天内对承包人提交的上述资料进行复核，以确定实际完成的工程量和工程形象目标。对其有异议的，应通知承包人进行共同复核。

2.6.4 计价资料

（1）发承包双方应当在合同中约定各自在合同工程中现场管理人员的职责范围，双方现场管理人员在职责范围内签字确认的书面文件是工程计价的有效凭证，但如有其他有效证据或经实证证明其是虚假的除外。

（2）发承包双方不论在何种场合对与工程计价有关的事项所给予的批准、证明、同意、指令、商定、确定、确认、通知和请求，或表示同意、否定、提出要求和意见等，均应采用书面形式，口头指令不得作为计价凭证。

（3）任何书面文件送达时，应由对方签收，通过邮寄应采用挂号、特快专递传送，或以发承包双方商定的电子传输方式发送，交付、传送或传输至指定的接收人的地址。如接收人通知了另外地址时，随后通信信息应按新地址发送。

（4）发承包双方分别向对方发出的任何书面文件，均应将其抄送现场管理人员，如系复印件应加盖合同工程管理机构印章，证明与原件相同。双方现场管理人员向对方所发任何书面文件，也应将其复印件发送给发承包双方，复印件应加盖合同工程管理机构印章，证明与原件相同。

（5）发承包双方均应当及时签收另一方送达其指定接收地点的来往信函，拒不签收的，送达信函的一方可以采用特快专递或者公证方式送达，所造成的费用增加（包括被迫采用特殊送达方式所发生的费用）和延误的工期由拒绝签收一方承担。

（6）书面文件和通知不得扣压，一方能够提供证据证明另一方拒绝签收或已送达的，应视为对方已签收并应承担相应责任。

2.6.5 计价档案

（1）发承包双方以及工程造价咨询人对具有保存价值的各种载体的计价文件，均应收集齐全，整理立卷后归档。

（2）发承包双方和工程造价咨询人应建立完善的工程计价档案管理制度，并应符合国家和有关部门发布的档案管理相关规定。

（3）工程造价咨询人归档的计价文件，保存期不宜少于五年。

（4）归档的工程计价成果文件应包括纸质原件和电子文件，其他归档文件及依据可为纸质原件、复印件或电子文件。

（5）归档文件应经过分类整理，并应组成符合要求的案卷。

（6）归档可以分阶段进行，也可以在项目竣工结算完成后进行。

（7）向接受单位移交档案时，应编制移交清单，双方应签字、盖章后方可交接。

2.7 竣工结算与支付

2.7.1 一般规定

（1）工程完工后，发承包双方必须在合同约定时间内办理工程竣工结算。

（2）工程竣工结算应由承包人或受其委托具有相应资质的工程造价咨询人编制，并应由发包人或受其委托具有相应资质的工程造价咨询人核对。

（3）当发承包双方或一方对工程造价咨询人出具的竣工结算文件有异议时，可向工程造价管理机构投诉，申请对其进行执业质量鉴定。

（4）工程造价管理机构对投诉的竣工结算文件进行质量鉴定。

（5）竣工结算办理完毕，发包人应将竣工结算文件报送工程所在地或有该工程管辖权的行业管理部门的工程造价管理机构备案，竣工结算文件应作为工程竣工验收备案、交付使用的必备文件。

2.7.2 编制与复核

（1）工程竣工结算应根据下列依据编制和复核：

1）《建设工程工程量清单计价规范》（GB 50500—2013）。

2）工程合同。

3）发承包双方实施过程中已确认的工程量及其结算的合同价款。

4）发承包双方实施过程中已确认调整后追加（减）的合同价款。

5）建设工程设计文件及相关资料。

6）投标文件。

7）其他依据。

（2）分部分项工程和措施项目中的单价项目应依据发承包双方确认的工程量与已标价工程量清单的综合单价计算；发生调整的，应以发承包双方确认调整的综合单价计算。

（3）措施项目中的总价项目应依据已标价工程量清单的项目和金额计算；发生调整的，应以发承包双方确认调整的金额计算，其中安全文明施工费应按2.2.1中第（5）条的规定计算。

（4）其他项目应按下列规定计价：

1）计日工应按发包人实际签证确认的事项计算。

2）暂估价应按2.5.2中9.暂估价的规定计算。

3）总承包服务费应依据已标价工程量清单金额计算；发生调整的，应以发承包双方确认调整的金额计算。

4）索赔费用应依据发承包双方确认的索赔事项和金额计算。

5）现场签证费用应依据发承包双方签证资料确认的金额计算。

6）暂列金额应减去合同价款调整（包括索赔、现场签证）金额计算，如有余额归发包人。

（5）规费和税金应按2.2.1中第（6）条的规定计算。规费中的工程排污费应按工程所在地环境保护部门规定的标准缴纳后按实列入。

（6）发承包双方在合同工程实施过程中已经确认的工程计量结果和合同价款，在竣工结算办理中应直接进入结算。

2.7.3 竣工结算

（1）合同工程完工后，承包人应在经发承包双方确认的合同工程期中价款结算的基础上汇总编制完成竣工结算文件，应在提交竣工验收申请的同时向发包人提交竣工结算文件。

承包人未在合同约定的时间内提交竣工结算文件，经发包人催告后14天内仍未提交或没有明确答复的，发包人有权根据已有资料编制竣工结算文件，作为办理竣工结算和支付结算款的依据，承包人应予以认可。

（2）发包人应在收到承包人提交的竣工结算文件后的28天内核对。发包人经核实，认为承包人还应进一步补充资料和修改结算文件，应在上述时限内向承包人提出核实意见，承包人在收到核实意见后的28天内应按照发包人提出的合理要求补充资料，修改竣工结算文件，并应再次提交给发包人复核后批准。

（3）发包人应在收到承包人再次提交的竣工结算文件后的28天内予以复核，将复核结果通知承包人，并应遵守下列规定：

1）发包人、承包人对复核结果无异议的，应在7天内在竣工结算文件上签字确认，竣工结算办理完毕；

2）发包人或承包人对复核结果认为有误的，无异议部分按照（1）规定办理不完全竣工结算；有异议部分由发承包双方协商解决；协商不成的，应按照合同约定的争议解决方式处理。

（4）发包人在收到承包人竣工结算文件后的28天内，不核对竣工结算或未提出核对意见的，应视为承包人提交的竣工结算文件已被发包人认可，竣工结算办理完毕。

（5）承包人在收到发包人提出的核实意见后的28天内，不确认也未提出异议的，应视为发包人提出的核实意见已被承包人认可，竣工结算办理完毕。

（6）发包人委托工程造价咨询人核对竣工结算的，工程造价咨询人应在28天内核对完毕，核对结论与承包人竣工结算文件不一致的，应提交给承包人复核；承包人应在14天内将同意核对结论或不同意见的说明提交工程造价咨询人。工程造价咨询人收到承包人提出的异议后，应再次复核，复核无异议的，应按（3）中1）的规定办理，复核后仍有异议的，按（3）中2）的规定办理。

承包人逾期未提出书面异议的，应视为工程造价咨询人核对的竣工结算文件已被承包人认可。

（7）对发包人或发包人委托的工程造价咨询人指派的专业人员与承包人指派的专业人员经核对后无异议并签名确认的竣工结算文件，除非发承包人能提出具体、详细的不同意见，发承包人都应在竣工结算文件上签名确认，如其中一方拒不签认的，按下列规定办理：

1）若发包人拒不签认的，承包人可不提供竣工验收备案资料，并有权拒绝与发包人或其上级部门委托的工程造价咨询人重新核对竣工结算文件。

2）若承包人拒不签认的，发包人要求办理竣工验收备案的，承包人不得拒绝提供竣工验收资料，否则，由此造成的损失，承包人承担相应责任。

（8）合同工程竣工结算核对完成，发承包双方签字确认后，发包人不得要求承包人与另一个或多个工程造价咨询人重复核对竣工结算。

（9）发包人对工程质量有异议，拒绝办理工程竣工结算的，已竣工验收或已竣工未验收但实际投入使用的工程，其质量争议应按该工程保修合同执行，竣工结算应按合同约定办理；已竣工未验收且未实际投入使用的工程以及停工、停建工程的质量争议，双方应就有争议的部分委托有资质的检测鉴定机构进行检测，并应根据检测结果确定解决方案，或按工程质量监督机构的处理决定执行后办理竣工结算，无争议部分的竣工结算应按合同约定办理。

2.7.4 结算款支付

（1）承包人应根据办理的竣工结算文件向发包人提交竣工结算款支付申请。申请应包括下列内容：

1）竣工结算合同价款总额。

2）累计已实际支付的合同价款。

3）应预留的质量保证金。

4）实际应支付的竣工结算款金额。

（2）发包人应在收到承包人提交竣工结算款支付申请后7天内予以核实，向承包人签发竣工结算支付证书。

（3）发包人签发竣工结算支付证书后的14天内，应按照竣工结算支付证书列明的金额向承包人支付结算款。

（4）发包人在收到承包人提交的竣工结算款支付申请后7天内不予核实，不向承包人签发竣工结算支付证书的，视为承包人的竣工结算款支付申请已被发包人认可；发包人应在收到承包人提交的竣工结算款支付申请7天后的14天内，按照承包人提交的竣工结算款支付申请列明的金额向承包人支付结算款。

（5）发包人未按照（3）、（4）规定支付竣工结算款的，承包人可催告发包人支付，并有权获得延迟支付的利息。发包人在竣工结算支付证书签发后或者在收到承包人提交的竣工结算款支付申请7天后的56天内仍未支付的，除法律另有规定外，承包人可与发包人协商将该工程折价，也可直接向人民法院申请将该工程依法拍卖。承包人应就该工程折价或拍卖的价款优先受偿。

2.7.5 质量保证金

（1）发包人应按照合同约定的质量保证金比例从结算款中预留质量保证金。

（2）承包人未按照合同约定履行属于自身责任的工程缺陷修复义务的，发包人有权从质量保证金中扣除用于缺陷修复的各项支出。经查验，工程缺陷属于发包人原因造成的，应由发包人承担查验和缺陷修复的费用。

（3）在合同约定的缺陷责任期终止后，发包人应按照2.7.6小节的规定，将剩余的质量保证金返还给承包人。

2.7.6 最终结清

（1）缺陷责任期终止后，承包人应按照合同约定向发包人提交最终结清支付申请。发包人对最终结清支付申请有异议的，有权要求承包人进行修正和提供补充资料。承包人修正后，应再次向发包人提交修正后的最终结清支付申请。

（2）发包人应在收到最终结清支付申请后的14天内予以核实，并应向承包人签发最终结清支付证书。

（3）发包人应在签发最终结清支付证书后的14天内，按照最终结清支付证书列明的金额向承包人支付最终结清款。

（4）发包人未在约定的时间内核实，又未提出具体意见的，应视为承包人提交的最终结清支付申请已被发包人认可。

（5）发包人未按期最终结清支付的，承包人可催告发包人支付，并有权获得延迟支付的利息。

（6）最终结清时，承包人被预留的质量保证金不足以抵减发包人工程缺陷修复费用的，承包人应承担不足部分的补偿责任。

（7）承包人对发包人支付的最终结清款有异议的，应按照合同约定的争议解决方式处理。

2.8 工程造价鉴定

2.8.1 一般规定

（1）在工程合同价款纠纷案件处理中，需作工程造价司法鉴定的，应委托具有相应资质的工程造价咨询人进行。

（2）工程造价咨询人接受委托提供工程造价司法鉴定服务时，应按仲裁、诉讼程序和要求进行，并应符合国家关于司法鉴定的规定。

（3）工程造价咨询人进行工程造价司法鉴定时，应指派专业对口、经验丰富的注册造价工程师承担鉴定工作。

（4）工程造价咨询人应在收到工程造价司法鉴定资料后10天内，根据自身专业能力和证据资料判断能否胜任该项委托，如不能，应辞去该项委托。工程造价咨询人不得在鉴定期满后以上述理由不做出鉴定结论，影响案件处理。

（5）接受工程造价司法鉴定委托的工程造价咨询人或造价工程师如是鉴定项目一方当事人的近亲属或代理人、咨询人以及其他关系可能影响鉴定公正的，应当自行回避；未自行回避，鉴定项目委托人以该理由要求其回避的，必须回避。

（6）工程造价咨询人应当依法出庭接受鉴定项目当事人对工程造价司法鉴定意见书的质询。如确因特殊原因无法出庭的，经审理该鉴定项目的仲裁机关或人民法院准许，可以书面形式答复当事人的质询。

2.8.2 取证

（1）工程造价咨询人进行工程造价鉴定工作时，应自行收集以下（但不限于）鉴定资料：

1）适用于鉴定项目的法律、法规、规章、规范性文件以及规范、标准、定额。

2）鉴定项目同时期同类型工程的技术经济指标及其各类要素价格等。

（2）工程造价咨询人收集鉴定项目的鉴定依据时，应向鉴定项目委托人提出具体书面要求，其内容包括：

1）与鉴定项目相关的合同、协议及其附件。

2）相应的施工图纸等技术经济文件。

3）施工过程中的施工组织、质量、工期和造价等工程资料。

4）存在争议的事实及各方当事人的理由。

5）其他有关资料。

（3）工程造价咨询人在鉴定过程中要求鉴定项目当事人对缺陷资料进行补充的，应征得鉴定项目委托人同意，或者协调鉴定项目各方当事人共同签认。

（4）根据鉴定工作需要现场勘验的，工程造价咨询人应提请鉴定项目委托人组织各方当事人对被鉴定项目所涉及的实物标的进行现场勘验。

（5）勘验现场应制作勘验记录、笔录或勘验图表，记录勘验的时间、地点、勘验人、在场人、勘验经过、结果，由勘验人、在场人签名或者盖章确认。绘制的现场图应注明绘制的时间、测绘人姓名、身份等内容。必要时应采取拍照或摄像取证，留下影像资料。

（6）鉴定项目当事人未对现场勘验图表或勘验笔录等签字确认的，工程造价咨询人应提请鉴定项目委托人决定处理意见，并在鉴定意见书中作出表述。

2.8.3 鉴定

（1）工程造价咨询人在鉴定项目合同有效的情况下应根据合同约定进行鉴定，不得任意改变双方合法的合意。

（2）工程造价咨询人在鉴定项目合同无效或合同条款约定不明确的情况下应根据法律法规、相关国家标准和《建设工程工程量清单计价规范》（GB 50500—2013）的规定，选择相应专业工程的计价依据和方法进行鉴定。

（3）工程造价咨询人出具正式鉴定意见书之前，可报请鉴定项目委托人向鉴定项目各方当事人发出鉴定意见书征求意见稿，并指明应书面答复的期限及其不答复的相应法律责任。

（4）工程造价咨询人收到鉴定项目各方当事人对鉴定意见书征求意见稿的书面复函后，应对不同意见认真复核，修改完善后再出具正式鉴定意见书。

（5）工程造价咨询人出具的工程造价鉴定书应包括下列内容：

1）鉴定项目委托人名称、委托鉴定的内容。

2）委托鉴定的证据材料。

3）鉴定的依据及使用的专业技术手段。

4）对鉴定过程的说明。

5）明确的鉴定结论。

6）其他需说明的事宜。

7）工程造价咨询人盖章及注册造价工程师签名盖执业专用章。

（6）工程造价咨询人应在委托鉴定项目的鉴定期限内完成鉴定工作，如确因特殊原因不能在原定期限内完成鉴定工作时，应按照相应法规提前向鉴定项目委托人申请延长鉴定期限，并应在此期限内完成鉴定工作。

经鉴定项目委托人同意等待鉴定项目当事人提交、补充证据的，质证所用的时间不应计入鉴定期限。

（7）对于已经出具的正式鉴定意见书中有部分缺陷的鉴定结论，工程造价咨询人应通过补充鉴定作出补充结论。

3 水暖工程清单计价工程量计算

3.1 给排水工程清单计价工程量计算

3.1.1 清单工程量计算规则

1. 给排水、采暖、燃气管道及支架

给排水、采暖、燃气管道工程量清单项目设置、项目特征描述的内容、计量单位及工程量计算规则，应按表3-1的规定执行。

给排水、采暖、燃气管道（编码：031001） **表3-1**

项目编码	项目名称	项目特征	计量单位	工程量计算规则	工作内容
031001001	镀锌钢管	1)安装部位 2)介质 3)规格、压力等级 4)连接形式 5)压力试验及吹、洗设计要求 6)警示带形式	m	按设计图示管道中心线以长度计算	1)管道安装 2)管件制作、安装 3)压力试验 4)吹扫、冲洗 5)警示带铺设
031001002	钢管			按设计图示管道中心线以长度计算	
031001003	不锈钢管			按设计图示管道中心线以长度计算	
031001004	铜管			按设计图示管道中心线以长度计算	
031001005	铸铁管	1)安装部位 2)介质 3)材质、规格 4)连接形式 5)接口材料 6)压力试验及吹、洗设计要求 7)警示带形式	m	按设计图示管道中心线以长度计算	1)管道安装 2)管件安装 3)压力试验 4)吹扫、冲洗 5)警示带铺设
031001006	塑料管	1)安装部位 2)介质 3)材质、规格 4)连接形式 5)阻火圈设计要求 6)压力试验及吹、洗设计要求 7)警示带形式	m	按设计图示管道中心线以长度计算	1)管道安装 2)管件安装 3)塑料卡固定 4)阻火圈安装 5)压力试验 6)吹扫、冲洗 7)警示带铺设
031001007	复合管	1)安装部位 2)介质 3)材质、规格 4)连接形式 5)压力试验及吹、洗设计要求 6)警示带形式	m	按设计图示管道中心线以长度计算	1)管道安装 2)管件安装 3)塑料卡固定 4)压力试验 5)吹扫、冲洗 6)警示带铺设

续表

<table>
<tr><th>项目编码</th><th>项目名称</th><th>项目特征</th><th>计量单位</th><th>工程量计算规则</th><th>工作内容</th></tr>
<tr><td>031001008</td><td>直埋式预制保温管</td><td>1)埋设深度
2)介质
3)管道材质、规格
4)连接形式
5)接口保温材料
6)压力试验及吹、洗设计要求
7)警示带形式</td><td>m</td><td>按设计图示管道中心线以长度计算</td><td>1)管道安装
2)管件安装
3)接口保温
4)压力试验
5)吹扫、冲洗
6)警示带铺设</td></tr>
<tr><td>031001009</td><td>承插陶瓷缸瓦管</td><td rowspan="2">1)埋设深度
2)规格
3)接口方式及材料
4)压力试验及吹、洗设计要求
5)警示带形式</td><td>m</td><td>按设计图示管道中心线以长度计算</td><td rowspan="2">1)管道安装
2)管件安装
3)压力试验
4)吹扫、冲洗
5)警示带铺设</td></tr>
<tr><td>031001010</td><td>承插水泥管</td><td>m</td><td>按设计图示管道中心线以长度计算</td></tr>
<tr><td>031001011</td><td>室外管道碰头</td><td>1)介质
2)碰头形式
3)材质、规格
4)连接形式
5)防腐、绝热设计要求</td><td>处</td><td>按设计图示以处计算</td><td>1)挖填工作坑或暖气沟拆除及修复
2)碰头
3)接口处防腐
4)接口处绝热及保护层</td></tr>
</table>

注：1. 安装部位，指管道安装在室内、室外。
2. 输送介质包括给水、排水、中水、雨水、热媒体、燃气、空调水等。
3. 方形补偿器制作安装应含在管道安装综合单价中。
4. 铸铁管安装适用于承插铸铁管、球墨铸铁管、柔性抗震铸铁管等。
5. 塑料管安装适用于 UPVC、PVC、PP-C、PP-R、PE、PB 管等塑料管材。
6. 复合管安装适用于钢塑复合管、铝塑复合管、钢骨架复合管等复合型管道安装。
7. 直埋保温管包括直埋保温管件安装及接口保温。
8. 排水管道安装包括立管检查口、透气帽。
9. 室外管道碰头：
(1) 适用于新建或扩建工程热源、水源、气源管道与原（旧）有管道碰头；
(2) 室外管道碰头包括挖工作坑、土方回填或暖气沟局部拆除及修复；
(3) 带介质管道碰头包括开关闸、临时放水管线铺设等费用；
(4) 热源管道碰头每处包括供、回水两个接口；
(5) 碰头形式指带介质碰头、不带介质碰头。
10. 管道工程量计算不扣除阀门、管件（包括减压器、疏水器、水表、伸缩器等组成安装）及附属构筑物所占长度；方形补偿器以其所占长度列入管道安装工程量。
11. 压力试验按设计要求描述试验方法，如水压试验、气压试验、泄漏性试验、闭水试验、通球试验、真空试验等。
12. 吹、洗按设计要求描述吹扫、冲洗方法，如水冲洗、消毒冲洗、空气吹扫等。

2. 支架及其他

支架及其他工程量清单项目设置、项目特征描述的内容、计量单位及工程量计算规则，应按表 3-2 的规定执行。

3. 管道附件

管道附件工程量清单项目设置、项目特征描述的内容、计量单位及工程量计算规则，应按表 3-3 的规定执行。

支架及其他（编码：031002） **表 3-2**

项目编码	项目名称	项目特征	计量单位	工程量计算规则	工作内容
031002001	管道支架	1)材质 2)管架形式	1)kg 2)套	1)以千克计量，按设计图示质量计算 2)以套计量，按设计图示数量计算	1)制作 2)安装
031002002	设备支架	1)材质 2)形式			
031002003	套管	1)名称、类型 2)材质 3)规格 4)填料材质	个	按设计图示数量计算	1)制作 2)安装 3)除锈、刷油

注：1. 单件支架质量 100kg 以上的管道支吊架执行设备支吊架制作安装。
2. 成品支架安装执行相应管道支架或设备支架项目，不再计取制作费，支架本身价值含在综合单价中。
3. 套管制作安装，适用于穿基础、墙、楼板等部位的防水套管、填料套管、无填料套管及防火套管等，应分别列项。

管道附件（编码：031003） **表 3-3**

项目编码	项目名称	项目特征	计量单位	工程量计算规则	工作内容
031003001	螺纹阀门	1)类型 2)材质 3)规格、压力等级 4)连接形式 5)焊接方法	个	按设计图示数量计算	1)安装 2)电气接线 3)调试
031003002	螺纹法兰阀门		个	按设计图示数量计算	1)安装 2)电气接线 3)调试
031003003	焊接法兰阀门		个	按设计图示数量计算	1)安装 2)电气接线 3)调试
031003004	带短管甲乙阀门	1)材质 2)规格、压力等级 3)连接形式 4)接口方式及材质	个	按设计图示数量计算	1)安装 2)电气接线 3)调试
031003005	塑料阀门	1)规格 2)连接形式	个	按设计图示数量计算	1)安装 2)调试
031003006	减压器	1)材质 2)规格、压力等级 3)连接形式 4)附件配置	组	按设计图示数量计算	组装
031003007	疏水器	1)材质 2)规格、压力等级 3)连接形式 4)附件配置	组	按设计图示数量计算	组装
031003008	除污器(过滤器)	1)材质 2)规格、压力等级 3)连接形式	组	按设计图示数量计算	安装
031003009	补偿器	1)类型 2)材质 3)规格、压力等级 4)连接形式	个	按设计图示数量计算	安装

续表

项目编码	项目名称	项目特征	计量单位	工程量计算规则	工作内容
031003010	软接头（软管）	1)材质 2)规格 3)连接形式	个(组)	按设计图示数量计算	安装
031003011	法兰	1)材质 2)规格、压力等级 3)连接形式	副(片)	按设计图示数量计算	安装
031003012	倒流防止器	1)材质 2)型号、规格 3)连接形式	套	按设计图示数量计算	安装
031003013	水表	1)安装部位(室内外) 2)型号、规格 3)连接形式 4)附件配置	组(个)	按设计图示数量计算	组装
031003014	热量表	1)类型 2)型号、规格 3)连接形式	块	按设计图示数量计算	安装
031003015	塑料排水管消声器	1)规格 2)连接形式	个	按设计图示数量计算	安装
031003016	浮标液面计		组	按设计图示数量计算	安装
031003017	浮漂水位标尺	1)用途 2)规格	套	按设计图示数量计算	安装

注：1. 法兰阀门安装包括法兰连接，不得另计。阀门安装如仅为一侧法兰连接时，应在项目特征中描述。
2. 塑料阀门连接形式需注明热熔连接、粘接、热风焊接等方式。
3. 减压器规格按高压侧管道规格描述。
4. 减压器、疏水器、倒流防止器等项目包括组成与安装工作内容，项目特征应根据设计要求描述附件配置情况，或根据××图集或××施工图做法描述。

4. 卫生器具

卫生器具工程量清单项目设置、项目特征描述的内容、计量单位及工程量计算规则，应按表3-4的规定执行。

卫生器具（编码：031004） **表3-4**

项目编码	项目名称	项目特征	计量单位	工程量计算规则	工作内容
031004001	浴缸	1)材质 2)规格、类型 3)组装形式 4)附件名称、数量	组	按设计图示数量计算	1)器具安装 2)附件安装
031004002	净身盆		组	按设计图示数量计算	
031004003	洗脸盆		组	按设计图示数量计算	
031004004	洗涤盆	1)材质 2)规格、类型 3)组装形式 4)附件名称、数量	组	按设计图示数量计算	
031004005	化验盆	1)材质 2)规格、类型 3)组装形式 4)附件名称、数量	组	按设计图示数量计算	1)器具安装 2)附件安装

续表

项目编码	项目名称	项目特征	计量单位	工程量计算规则	工作内容
031004006	大便器	1)材质 2)规格、类型 3)组装形式 4)附件名称、数量	组	按设计图示数量计算	1)器具安装 2)附件安装
031004007	小便器	1)材质 2)规格、类型 3)组装形式 4)附件名称、数量	组	按设计图示数量计算	
031004008	其他成品卫生器具	1)材质 2)规格、类型 3)组装形式 4)附件名称、数量	组	按设计图示数量计算	1)器具安装 2)附件安装
031004009	烘手器	1)材质 2)型号、规格	个	按设计图示数量计算	安装
031004010	淋浴器	1)材质、规格 2)组装形式 3)附件名称、数量	套	按设计图示数量计算	1)器具安装 2)附件安装
031004011	淋浴间	1)材质、规格 2)组装形式 3)附件名称、数量	套	按设计图示数量计算	
031004012	桑拿浴房	1)材质、规格 2)组装形式 3)附件名称、数量	套	按设计图示数量计算	1)器具安装 2)附件安装
031004013	大、小便槽自动冲洗水箱	1)材质、类型 2)规格 3)水箱配件 4)支架形式及做法 5)器具及支架除锈、刷油设计要求	套	按设计图示数量计算	1)制作 2)安装 3)支架制作、安装 4)除锈、刷油
031004014	给、排水附(配)件	1)材质 2)型号、规格 3)安装方式	个(组)	按设计图示数量计算	安装
031004015	小便槽冲洗管	1)材质 2)规格	m	按设计图示长度计算	1)制作 2)安装
031004016	蒸汽—水加热器	1)类型 2)型号、规格 3)安装方式	套	按设计图示数量计算	
031004017	冷热水混合器	1)类型 2)型号、规格 3)安装方式	套	按设计图示数量计算	
031004018	饮水器	1)类型 2)型号、规格 3)安装方式	套	按设计图示数量计算	安装
031004019	隔油器	1)类型 2)型号、规格 3)安装部位	套	按设计图示数量计算	安装

注：1. 成品卫生器具项目中的附件安装，主要指给水附件包括水嘴、阀门、喷头等，排水配件包括存水弯、排水栓、下水口等以及配备的连接管。
2. 浴缸支座和浴缸周边的砌砖、瓷砖粘贴，应按现行国家标准《房屋建筑与装饰工程工程量计算规范》(GB 50854—2013) 相关项目编码列项；功能性浴缸不含电机接线和调试，应按《通用安装工程工程量计算规范》(GB 50856—2013) 附录D电气设备安装工程相关项目编码列项。
3. 洗脸盆适用于洗脸盆、洗发盆、洗手盆安装。
4. 器具安装中若采用混凝土或砖基础，应按现行国家标准《房屋建筑与装饰工程工程量计算规范》(GB 50854—2013) 相关项目编码列项。
5. 给、排水附（配）件是指独立安装的水嘴、地漏、地面扫除口等。

3.1.2 工程量计算相关问题说明

1. 管道安装

(1) 定额说明

1) 界线划分

① 给水管道

a. 室内外界线以建筑物外墙皮1.5m为界，入口处设阀门者以阀门为界。

b. 与市政管道界线以水表井为界，无水表井者，以与市政管道碰头点为界。

② 排水管道

a. 室内外以出户第一个排水检查井为界。

b. 室外管道与市政管道界线以与市政管道碰头井为界。

2) 定额包括以下工作内容

① 管道及接头零件安装。

② 水压试验或灌水试验。

③ 室内 *DN*32 以内钢管包括管卡及托钩制作安装。

④ 钢管包括弯管制作与安装（伸缩器除外），无论是现场摵制或成品弯管均不得换算。

⑤ 铸铁排水管、雨水管及塑料排水管，均包括管卡及托吊支架、臭气帽、雨水漏斗制作安装。

⑥ 穿墙及过楼板薄钢板套管安装人工。

3) 定额不包括以下工作内容

① 室内外管道沟土方及管道基础，应执行《全国统一建筑工程基础定额》(GJD 101—1995)。

② 管道安装中不包括法兰、阀门及伸缩器的制作、安装，按相应项目另行计算。

③ 室内外给水、雨水铸铁管包括接头零件所需的人工，但接头零件价格应另行计算。

④ *DN*32 以上的钢管支架，按定额管道支架另行计算。

⑤ 过楼板的钢套管的制作、安装工料，按室外钢管（焊接）项目计算。

(2) 定额工程量计算规则

1) 各种管道，均以施工图所示中心长度，以“m”为计量单位，不扣除阀门、管件（包括减压器、疏水器、水表、伸缩器等组成安装）所占的长度。

2) 镀锌薄钢板套管制作以“个”为计量单位，其安装已包括在管道安装定额内，不得另行计算。

3) 管道支架制作安装，室内管道公称直径32mm以下的安装工程已包括在内，不得另行计算；公称直径32mm以上的，可另行计算。

4) 各种伸缩器制作安装，均以“个”为计量单位。方形伸缩器的两臂，按臂长的两倍合并在管道长度内计算。

5) 管道消毒、冲洗、压力试验，均按管道长度以“m”为计量单位，不扣除阀门、管件所占的长度。

2. 阀门、水位标尺安装

(1) 定额说明

1）螺纹阀门安装适用于各种内外螺纹连接的阀门安装。

2）法兰阀门安装适用于各种法兰阀门的安装。若仅为一侧法兰连接时，定额中的法兰、带帽螺栓及钢垫圈数量减半。

3）各种法兰连接用垫片均按石棉橡胶板计算，如用其他材料，不得调整。

4）浮标液面计 FQ—Ⅱ型安装按《采暖通风国家标准图集》（N102—3）编制的。

5）水塔、水池浮漂水位标尺制作安装是按《全国通用给水排水标准图集》（S318）编制的。

（2）定额工程量计算规则

1）各种阀门安装，均以“个”为计量单位。法兰阀门安装，若仅为一侧法兰连接时，定额所列法兰、带帽螺栓及垫圈数量减半，其余不变。

2）各种法兰连接用垫片，均按石棉橡胶板计算。若用其他材料，不得调整。

3）法兰阀（带短管甲乙）安装，均以“套”为计量单位。若接口材料不同，可调整。

4）自动排气阀安装以“个”为计量单位，已包括支架制作安装，不得另行计算。

5）浮球阀安装均以“个”为计量单位，已包括了连杆及浮球的安装，不得另行计算。

6）浮标液面计、水位标尺是按国标编制的，若设计与国标不符，可调整。

3. 低压器具、水表组成与安装

（1）定额说明

1）减压器、疏水器组成与安装是按《采暖通风国家标准图集》（N108）编制的，若实际组成与此不同，阀门和压力表数量可按实际调整，其余不变。

2）法兰水表安装是按《全国通用给水排水标准图集》（S145）编制的，定额内包括旁通管及止回阀。若实际安装形式与此不同，阀门及止回阀可按实际调整，其余不变。

（2）工程量计算规则

1）减压器、疏水器组成安装以“组”为计量单位。若设计组成与定额不同，阀门和压力表数量可按设计用量进行调整，其余不变。

2）减压器安装，按高压侧的直径计算。

3）法兰水表安装以“组”为计量单位，定额中旁通管及止回阀若与设计规定的安装形式不同，阀门及止回阀可按设计规定进行调整，其余不变。

4. 卫生器具制作安装

（1）定额说明

1）定额中所有卫生器具安装项目，均参照《全国通用给水排水标准图集》中相关标准图集计算，除以下说明者外，设计无特殊要求均不作调整。

2）成组安装的卫生器具，定额均已按标准图集计算了与给水、排水管道连接的人工和材料。

3）浴盆安装适用于各种型号的浴盆，但是浴盆支座和浴盆周边的砌砖、瓷砖粘贴应另行计算。

4）化验盆安装中的鹅颈水嘴、化验单嘴、双嘴适用于成品件安装。

5）洗脸盆肘式开关安装，不分单双把均执行同一项目。

6）脚踏开关安装包括弯管和喷头的安装人工和材料。

7）淋浴器铜制品安装适用于各种成品淋浴器安装。

8）蒸汽一水加热器安装项目中，包括了莲蓬头安装，但是不包括支架制作安装；阀门和疏水器安装可按相应项目另行计算。

9）冷热水混合器安装项目中包括了温度计安装，但不包括支座制作安装，其工程量可按相应项目另行计算。

10）小便槽冲洗管制作安装定额中，不包括阀门安装，其工程量可按相应项目另行计算。

11）大、小便槽水箱托架安装已按标准图集计算在定额内，不得另行计算。

12）高（无）水箱蹲式大便器、低水箱坐式大便器安装，适用于各种型号。

13）电热水器、电开水炉安装定额内只考虑了本体安装，连接管、连接件等可按相应项目另行计算。

14）饮水器安装的阀门和脚踏开关安装，可按相应项目另行计算。

15）容积式水加热器安装，定额内已按标准图集计算了其中的附件，但是不包括安全阀安装，本体保温、刷油漆和基础砌筑。

（2）工程量计算规则

1）卫生器具组成安装，以“组”为计量单位，已按标准图综合了卫生器具与给水管、排水管连接的人工与材料用量，不得另行计算。

2）浴盆安装不包括支座和四周侧面的砌砖及瓷砖粘贴。

3）蹲式大便器安装，已包括固定大便器的垫砖，但是不包括大便器蹲台砌筑。

4）大便槽、小便槽自动冲洗水箱安装，以“套”为计量单位，已包括水箱托架的制作安装，不得另行计算。

5）小便槽冲洗管制作与安装，以“m”为计量单位，不包括阀门安装，其工程量可按相应定额另行计算。

6）脚踏开关安装，已包括弯管与喷头的安装，不得另行计算。

7）冷热水混合器安装，以“套”为计量单位，不包括支架制作安装及阀门安装，其工程量可按相应定额另行计算。

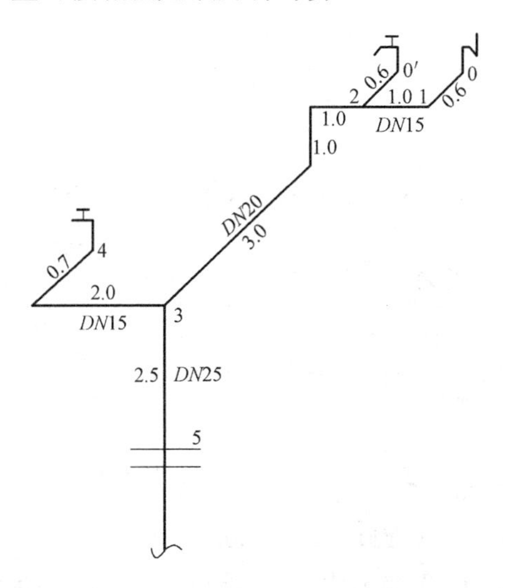

图 3-1　某厨房给水系统示意图

8）蒸汽—水加热器安装，以“台”为计量单位，包括莲蓬头安装，不包括支架制作安装及阀门、疏水器安装，其工程量可按相应定额另行计算。

9）容积式水加热器安装，以“台”为计量单位，不包括安全阀安装、保温与基础砌筑，其工程量可按相应定额另行计算。

10）电热水器、电开水炉安装，以“台”为计量单位，只考虑本体安装，连接管，连接件等工程量可按相应定额另行计算。

11）饮水器安装以“台”为计量单位，阀门和脚踏开关工程量可按相应定额另行计算。

3.1.3 工程量计算实例

【例 3-1】 某厨房给水系统局部管道如图 3-1 所示，其采用镀锌钢管，螺纹连接，试求镀锌钢管的工程量。

【解】

（1）清单工程量

*DN*25　2.5m（节点 3 到节点 5）

*DN*20　[3.0＋1.0＋1.0(节点3到节点2)]m＝5m

*DN*15　[2.0＋0.7(节点3到节点4)＋0.6＋1.0＋0.6(节点2到节点0′,节点2到1再到节点0)]m＝4.9m

清单工程量计算见表 3-5。

清单工程量计算表　　**表 3-5**

序号	项目编码	项目名称	项目特征描述	计量单位	工程量
1	031001001001	镀锌钢管	*DN*25 镀锌钢管,螺纹连接	m	2.5
2	031001001002	镀锌钢管	*DN*20 镀锌钢管,螺纹连接	m	5
3	031001001003	镀锌钢管	*DN*15 镀锌钢管,螺纹连接	m	4.9

（2）定额工程量

定额工程量计算表　　**表 3-6**

螺纹连接镀锌钢管	定额编号	计量单位	工程量
*DN*25	8-89	10m	0.25
*DN*20	8-88	10m	0.5
*DN*15	8-87	10m	0.49

【例 3-2】 某室外给水埋地管道局部如图 3-2 所示，长度为 9m，求其清单和定额工程量。

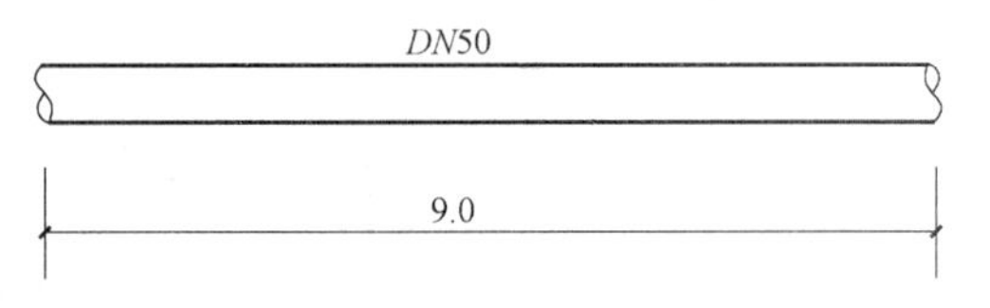

图 3-2　埋地管道示意图（单位：m）

【解】

（1）清单工程量

丝接镀锌钢管 *DN*50　9m

清单工程量计算表　　**表 3-7**

序号	项目编码	项目名称	项目特征描述	计量单位	工程量
1	031001001001	镀锌钢管	*DN*50 镀锌钢管,丝接	m	9

（2）定额工程量

1）丝接镀锌钢管 *DN*50，单位：10m，工程量：0.9

套用《全国统一安装工程预算定额（第八册）》(GYD—208—2000) 8-6

基价：33.83 元；其中人工费 19.04 元，材料费（不含主材费）13.36 元，机械费 1.43 元

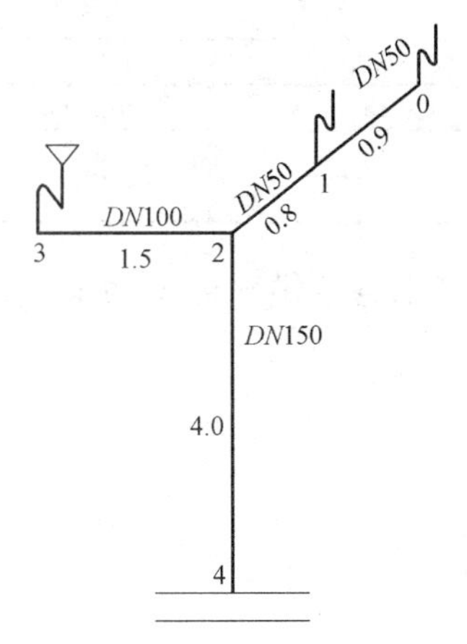

图 3-3　某排水系统部分管道（m）

2）管道刷第一遍沥青，计量单位：10m，工程量：(0.19×9) /10=0.171

套用《全国统一安装工程预算定额（第十一册）》(GYD—211—2000）11-66

基价：8.04 元；其中人工费 6.50 元，材料费（不含主材费）1.54 元

3）管道刷第二遍沥青，计量单位：10m，工程量：(0.19×9) /10=0.171

套用《全国统一安装工程预算定额（第十一册）》(GYD—211—2000）11-67

基价：7.64 元；其中人工费 6.27 元，材料费（不含主材费）1.37 元

【例 3-3】 某排水系统部分管道如图 3-3 所示，管道采用承插铸铁管，水泥接口，求其清单工程量。

【解】

承插铸铁管 *DN*50：

0.9m（从节点 0 到节点 1 处)＋0.8m（从节点 1 到节点 2 处)＝1.7m

承插铸铁管 *DN*100：1.5m（从节点 3 至节点 2 处）

承插铸铁管 *DN*150：4.0m（从节点 2 到节点 4 处）

清单工程量见表 3-8。

清单工程量计算表　　　　**表 3-8**

项目编码	项目名称	项目特征描述	单位	数量
031001005001	承插铸铁管	*DN*50、排水	m	1.7
031001005002	承插铸铁管	*DN*100、排水	m	1.5
031001005003	承插铸铁管	*DN*150、排水	m	4.0

【例 3-4】 一给水镀锌钢管如图 3-4 所示，规格为 *DN*50、*DN*25，连接方式为镀锌钢管丝接，求其工程量。

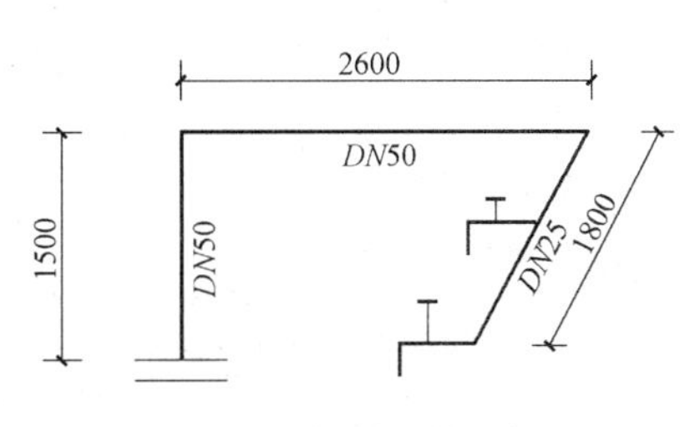

图 3-4　镀锌钢管支管

【解】

清单工程量：

1）*DN*50　1.5m（给水立管楼层以上部分)＋2.6m（横支管长度)＝4.1m

2）*DN*25　1.8m（接水龙头的支管长度）

3）刷防锈漆一道，银粉两道。

其工程量计算：3.14×(4.1×0.060＋1.8×0.034)m^2＝0.96m^2

（注：*DN*50 的外径为 0.060m，*DN*25 的外径为 0.034m）

水龙头　2 个

其清单工程量见表 3-9。

清单工程量计算表 **表 3-9**

项目编码	项目名称	项目特征描述	单位	数量
031001001001	镀锌钢管	室内给水 *DN*50	m	4.1
031001001002	镀锌钢管	室内给水 *DN*25	m	1.8
031004014001	水龙头	*DN*25	个	2

【例 3-5】 图 3-5 为某公用炊事间给水系统图，采用焊接钢管，供水方式为上供式，试求其工程量。

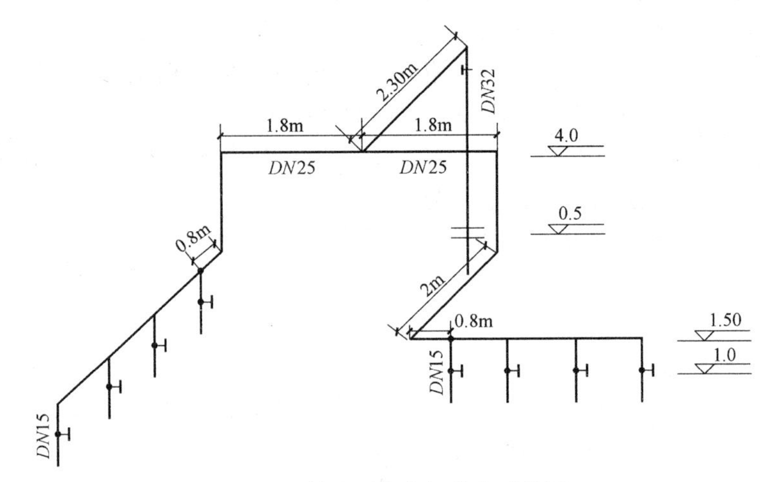

图 3-5 某公用炊事间给水系统图

【解】

(1) 定额工程量

1) 焊接钢管 *DN*32 立管部分 (4.0－0.5)m＝3.5m 水平部分 2.3m

2) 焊接钢管 *DN*25 水平部分 [1.8×2＋2＋0.8×2(分支管节点前的一部分，左右长度相同)]m＝7.2m

立管部分 (4.0－1.5)×2m＝5m

3) 焊接钢管 *DN*15 每两个分支管之间的间距为 0.8m

水平部分 0.8×6＝4.8m 立管部分 0.5×8＝4m

4) 管件工程量：

螺纹阀门 *DN*32 1 个

螺纹阀门 *DN*15 8 个

给水工程量见表 3-10。

某公用炊事间给水工程量计算表 **表 3-10**

序号	分项工程	工程说明	单位	数量
一、管道敷设				
1	*DN*32	3.5＋2.3	m	5.8
2	*DN*25	7.2＋5	m	12.2
3	*DN*15	4.8＋4	m	8.8
二、器具				
1	螺纹阀门	*DN*32	个	1
	螺纹阀门	*DN*15	个	8

（2）清单工程量

清单工程量计算见表 3-11。

分部分项工程量清单与计价表 **表 3-11**

序号	项目编号	项目名称	项目特征描述	计量单位	工程量	金额(元)		
						综合单价	合价	其中 暂估价
1	031001002001	钢管	室内给水工程，螺纹连接，焊接钢管 *DN*32	m	5.8			
2	031001002002	钢管	室内给水工程，螺纹连接，焊接钢管 *DN*25	m	12.2			
3	031001002003	钢管	室内给水工程，螺纹连接，焊接钢管 *DN*15	m	8.8			
4	031003001001	螺纹阀门	*DN*32	个	1			
5	031003001002	螺纹阀门	*DN*15	个	8			
合计								

【例 3-6】 某排水铸铁管的局部剖面如图 3-6 所示，求其工程量。

【解】

（1）清单工程量

承插铸铁管 *DN*100

$$3.6+1.2+5.0=9.8\text{m}$$

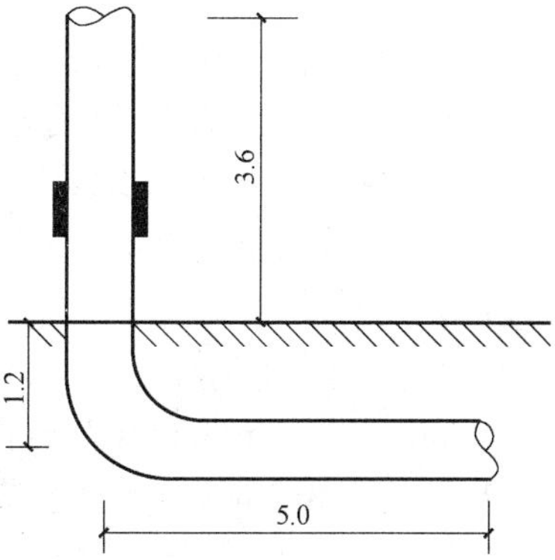

（2）定额工程量

1）承插铸铁管 *DN*100

$$(3.6+1.2+5.0)/10=0.98(10\text{m})$$

2）刷一遍红丹防锈漆（地上）

$$0.3580\times3.6/10=0.129(10\text{m}^2)$$

3）刷银粉两道（地上）

$$0.3580\times3.6/10=0.129(10\text{m}^2)$$

图 3-6 铸铁管局部剖面图

4）刷沥青漆两道（埋地）

$$0.3580\times6.2/10=0.222(10\text{m}^2)$$

（3）套用定额

1）项目：*DN*100 承插铸铁管，计量单位：10m，工程量：0.98

套用《全国统一安装工程预算定额（第八册）》（GYD—208—2000）8-146

基价：357.39 元；其中人工费 80.34 元，材料费（不含主材费）277.05 元

2）项目：刷一遍红丹防锈漆（地上），计量单位：10m^2，工程量：0.129

套用《全国统一安装工程预算定额（第十一册）》（GYD—211—2000）11-198

基价：8.85 元；其中人工费 7.66 元，材料费（不含主材费）1.19 元

3）项目：刷银粉两道（地上），计量单位：10m^2，工程量：0.129

① 第一遍：

套用《全国统一安装工程预算定额（第十一册）》（GYD—211—2000）11-200

基价：13.23 元；其中人工费 7.89 元，材料费（不含主材费）5.34 元

② 第二遍：

套用《全国统一安装工程预算定额（第十一册）》（GYD—211—2000）11-201

基价：12.37 元；其中人工费 7.66 元，材料费（不含主材费）4.71 元

4）刷沥青漆两道（埋地），计量单位：$10m^2$，工程量：0.222

① 第一遍：

套用《全国统一安装工程预算定额（第十一册）》（GYD—211—2000）11-202

基价：9.90 元；其中人工费 8.36 元，材料费（不含主材费）1.54 元

② 第二遍：

套用《全国统一安装工程预算定额（第十一册）》（GYD—211—2000）11-203

基价：9.50 元，其中人工费 8.13 元，材料费（不含主材费）1.37 元

说明：在进行管道刷油时应区分地上（明装）与地下（暗装）的刷油过程及所刷材料，明装铸铁管刷一遍红丹防锈漆后再刷银粉两遍；而暗装管道只需刷沥青两遍即可。

【例 3-7】 某室内塑料管给水管道如图 3-7 所示，立管、支管均采用塑料管 PVC 管，给水设备有 3 个水龙头，一个自闭式冲洗阀。求塑料管清单工程量。

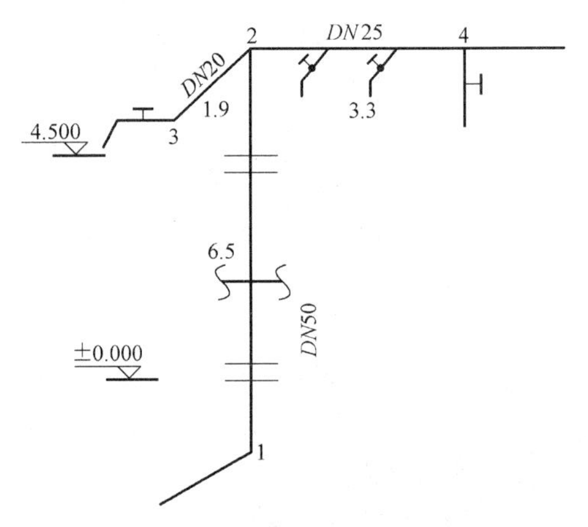

图 3-7 塑料管给水管道

【解】

塑料管清单工程量：

*DN*50　6.5m（节点 1 至节点 2 的长度）

*DN*25　3.3m（节点 2 至节点 4 的长度）×2＝6.6m

*DN*20　1.9m（节点 2 至节点 3 的长度）×2＝3.8m

清单工程量计算见表 3-12。

清单工程量计算表　　**表 3-12**

项目编码	项目名称	项目特征描述	单位	工程量
031001006001	塑料管	给水管 *DN*50 室内	m	6.5
031001006002		给水管 *DN*25 室内	m	6.6
031001006003		给水管 *DN*20 室内	m	3.8

【例 3-8】 某多孔冲洗管示意图如图 3-8 所示，管长 4.0m，控制阀门的短管长 0.2m，试求小便槽冲洗管的工程量。

【解】

（1）清单工程量

$$DN25冲洗管工程量=(4.0+0.2)\times 3=12.6m$$

（2）定额工程量

$DN25$冲洗管工程量=(4.0+0.2)×3/10=1.26(10m)

(3) 套用定额

项目：$DN25$ 冲洗管（镀锌钢管），计量单位：10m，工程量：1.26

套用《全国统一安装工程预算定额（第八册）》(GYD—208—2000) 8-458

基价：342.52元；其中人工费169.04元，材料费158.50元，机械费14.98元

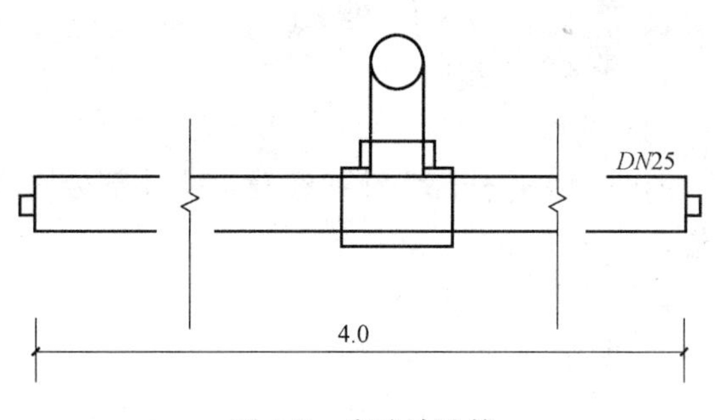

图3-8 多孔冲洗管

【例3-9】 根据图3-9、图3-10所示，求该住房消防给水系统清单工程量。

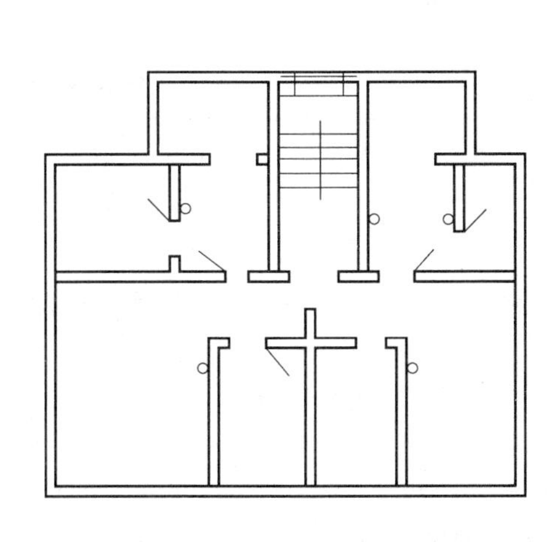

图3-9 某住宅消防给水平面图

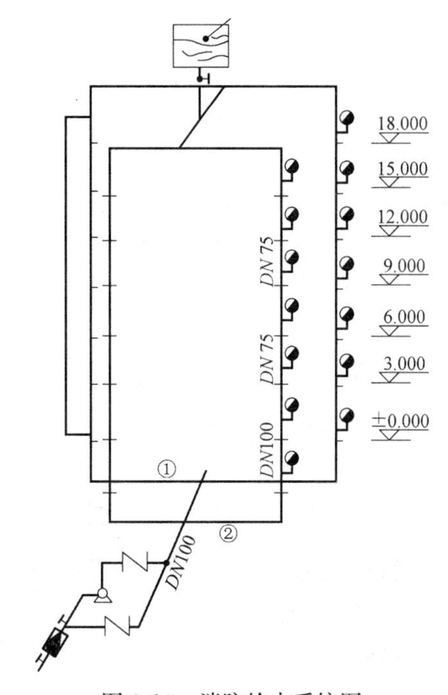

图3-10 消防给水系统图

【解】

(1) 消防给水管为镀锌钢管，二层以上管道为$DN75$，二层以下消防管道为$DN100$。

1) $DN100$ 镀锌钢管

[3(二层至一层高度)+1.4(水喷头距地面高度)+1.2(消防给水立管埋深)]×4+8(消防埋地横管①)+7.2(消防埋地横管②)+7.2(横管连接管长度)+3.2(消防给水管旁通管部分)+3.6(与旁通管并列的水泵给水管部分长度)+7(水表井至户外部分长度)=58.6m

2) $DN75$ 镀锌钢管

3(楼层高度)×5(七层至二层)×4+2.5(七层水喷头至七层顶部长度)×4+15.2(消防上部横管长度)+4.6(上部两横管连接管)+2.8(消防水箱入水口至上部横管连接管长度)=92.6m

(2) 消防给水系统附件及附属设备

1) 消防水箱安装　1个

2) 给水泵　1台

3）止回阀　1×2=2 个

4）消火栓　7×4=28 套

5）水表　1 组

（3）防腐

消防给水管全部为镀锌钢管，明装部分刷防锈漆一道，银粉两道，埋地部分刷沥青油二道，冷底子油一道。

其工程量计算如下：

1）明装部分：DN75　92.6m

DN100　(3+1.4)×4=17.6m

换算为面积：3.14×(0.085×92.6+0.11×17.6)=30.79m^2

2）埋地部分：DN100　58.6−17.6=41.0m

换算为面积：3.14×0.11×41.0=14.16m^2

清单工程量计算见表 3-13。

清单工程量计算表　　**表 3-13**

项目编码	项目名称	项目特征描述	计量单位	工程量
031001001001	消火栓镀锌钢管	室内，DN100，给水	m	58.6
031001001002	消火栓镀锌钢管	室内，DN75，给水	m	92.6
031006015001	消防水箱制作安装	—	台	1
031004014001	消火栓	DN75	套	28
031003013001	水表	DN100	组	1
031003001001	螺纹阀门	DN100	个	1
031003001002	螺纹阀门	DN75	个	1

【例 3-10】 某水箱安装如图 3-11 所示，水箱制作使用钢板 1000kg，面积 40m^2。试求其清单工程量。

【解】

水箱　1 套　制作钢板　1000kg

DN50 镀锌钢管　7.6m　DN50 阀门　1 个

DN40 镀锌钢管　4.2m　DN40 阀门　2 个

液位计　1 个　刷油刷漆量　40m^2

清单工程量计算见下表：

清单工程量计算表　　**表 3-14**

项目编码	项目名称	项目特征描述	计量单位	工程量
031006015001	水箱制作安装	钢板制作	套	1
031001001001	镀锌钢管	DN50	m	7.6
031001001002		DN40	m	4.2
031003001001	螺纹阀门	DN50	个	1
031003001002		DN40	个	2

【例 3-11】 某室外钢管局部如图 3-12 所示，管长 36m，求其清单和定额工程量。

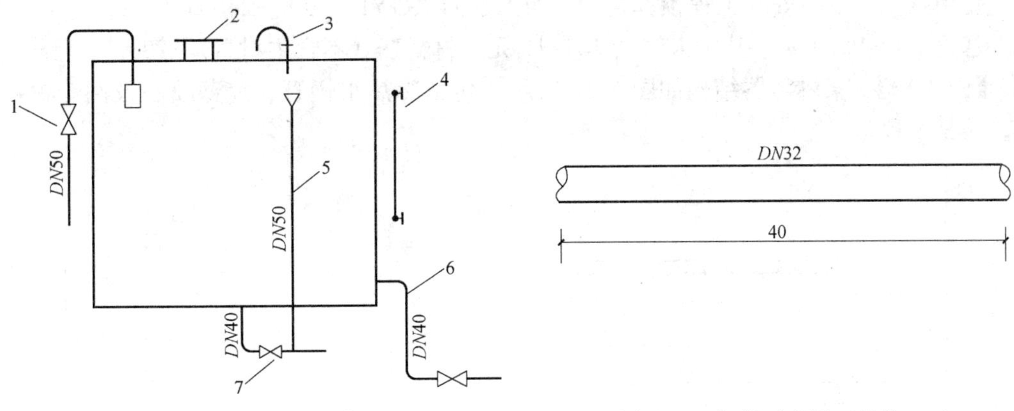

图 3-11　水箱安装示意图

1—水位控制阀　2—人孔　3—通气管　4—液位计
5—溢水管　6—出水管　7—泄水管

图 3-12　钢管示意图（单位：m）

【解】

(1) 清单工程量

室外焊接钢管 $DN32$　40m

(2) 定额工程量

1）焊接钢管 $DN32$，计量单位：10m，工程量：4.0

套用《全国统一安装工程预算定额（第八册）》（GYD—208—2000）8-23

基价：21.80 元；其中人工费 16.49 元，材料费 3.32 元，机械费 1.99 元

2）焊接钢管除轻锈，计量单位：$10m^2$，工程量：$(40\times0.13)/10=0.52$

套用《全国统一安装工程预算定额（第十一册）》（GYD—211—2000）11-1

基价：11.27 元；其中人工费 7.89 元，材料费 3.38 元

3）刷一遍红丹防锈漆，计量单位：$10m^2$，工程量：0.52

套用《全国统一安装工程预算定额（第十一册）》（GYD—211—2000）11-51

基价：7.34 元；其中人工费 6.27 元，材料费 1.07 元

4）刷银粉漆第一遍，计量单位：$10m^2$，工程量：0.52

套用《全国统一安装工程预算定额（第十一册）》（GYD—211—2000）11-56

基价：11.31 元；其中人工费 6.50 元，材料费 4.81 元

5）刷银粉漆第二遍，计量单位：$10m^2$，工程量：0.52

套用《全国统一安装工程预算定额（第十一册）》（GYD—211—2000）11-57

基价：10.64 元；其中人工费 6.27 元，材料费 4.37 元

【例 3-12】 一搪瓷浴盆（见图 3-13）采用冷热水供水，试求其清单工程量及定额工程量。

【解】

(1) 清单工程量

洗脸盆：1 组

(2) 定额工程量

项目：洗脸盆，计量单位：10组，工程量：0.1

套用《全国统一安装工程预算定额（第八册）》(GYD—208—2000) 8-384

基价：1449.93元；其中人工费151.16元，材料费（不含主材费）1298.77元

【例3-13】 某淋浴器结构如图3-14所示，包括冷热水钢管、莲蓬喷头及两个铜截止阀。求其工程量。

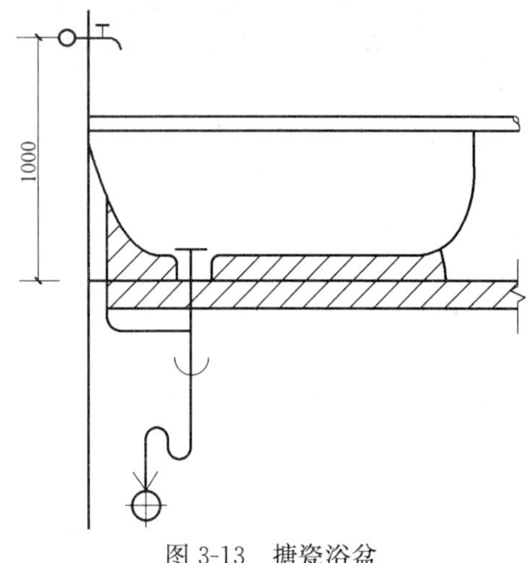

图3-13 搪瓷浴盆

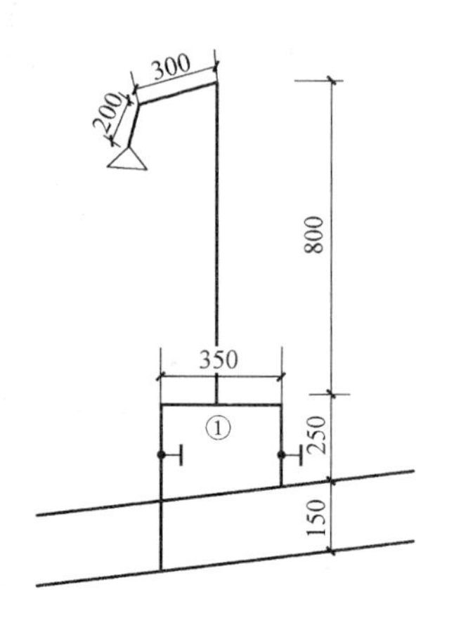

图3-14 淋浴器

【解】

(1) 清单工程量

冷热水钢管淋浴器：1组

(2) 定额工程量

冷热水钢管淋浴器，计量单位：10组，工程量：0.1

套用《全国统一安装工程预算定额（第八册）》(GYD—208—2000) 8-404

基价：600.19元，其中人工费130.03元，材料费470.16元

定额工程量计算表 **表3-15**

分项项目	单位	工程量
莲蓬喷头	个	1
*DN*15 镀锌钢管	10m	0.23
*DN*15 截止阀	个	2
镀锌弯头 *DN*15	个	2

【例3-14】 某住宅顶层盥洗室排水系统如图3-15所示。排水系统设伸顶通气管，排水管道为承插铸铁管，石棉水泥接口，试求其工程量。

【解】

(1) 定额工程量

1) 承插铸铁管 *DN*100

立管部分[17.0−15.7+(19.0−17.0)+(19.7−19.0)]m=4m

水平部分(1.7+1.6+0.5+0.8×6)m=8.6m

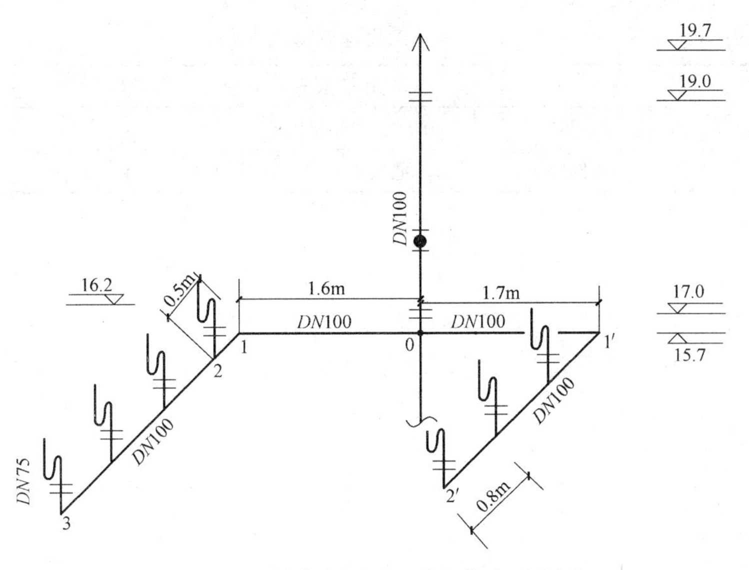

图 3-15　某住宅顶层盥洗室排水系统图

2）承插铸铁管 *DN*75　(16.2－15.7)×7m＝3.5m

3）套管工程量：

*DN*80（*DN*75 的套管）　7 个

*DN*125（*DN*100 的套管）　2 个

(2) 清单工程量

承插铸铁管 *DN*100　12.6m

承插铸铁管 *DN*75　3.5m

注：镀锌薄钢板套管制作是以“个”为计量单位；套管的安装已包括在管道安装清单内，不再另行计算工程量。套管的直径一般较其穿越管道本身的公称直径大 1～2 级。

清单工程量计算见表 3-16。

清单工程量计算表　　　　**表 3-16**

序号	项目编码	项目名称	项目特征描述	计量单位	工程量
1	0031001005001	承插铸铁管	室内排水工程，石棉水泥接口，承插铸铁管 *DN*100	m	12.6
2	031001005002	承插铸铁管	室内排水工程，石棉水泥接口，承插铸铁管 *DN*75	m	3.5

【例 3-15】 某疏水器安装如图 3-16 所示，求其工程量。

【解】

(1) 清单工程量

疏水器：1 组

*DN*32 螺纹连接：3.6m

过滤器：1 台

冲洗管：1 个

检查管：1 个

*DN*32 截止阀：4 个

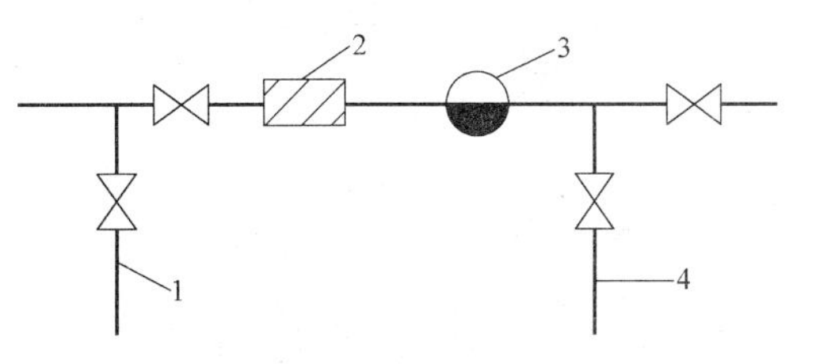

图 3-16　疏水器安装示意图

1—冲洗管　2—过滤器　3—疏水器　4—检查管及阀门

清单工程量计算见表 3-17。

清单工程量计算表 **表 3-17**

项目编码	项目名称	项目特征描述	单位	工程量
031003007001	疏水器	*DN*32 螺纹连接	组	1
031003001001	螺纹阀门	管径 *DN*32	个	4

(2) 定额工程量

疏水器：1 组

套用《全国统一安装工程预算定额（第八册）》（GYD—208—2000）8-346

基价：245.07 元；其中人工费 29.72 元，材料费 215.35 元

定额工程量计算表 **表 3-18**

分项项目	单位	工程量
*DN*32 螺纹连接疏水器	组	1
过滤器	台	1
*DN*32 镀锌钢管	10m	0.36
*DN*32 截止阀	个	4

【例 3-16】 一小区住宅楼卫生间排水系统如图 3-17 所示，设 1 根排水立管，每层 3 根排水横支管，2 个卫生间的坐便器、浴盆共用 1 根排水横支管，管材为塑料管。求其工程量。

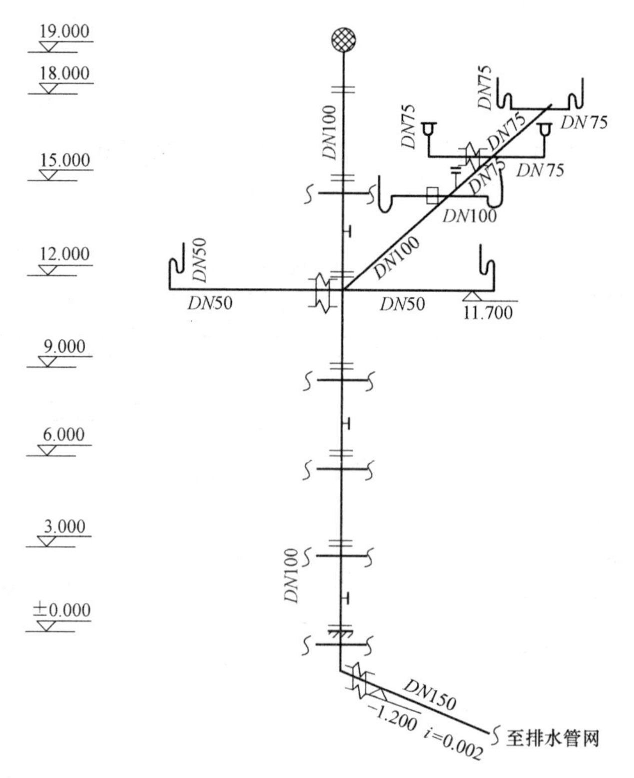

图 3-17 卫生间排水系统图

【解】

(1) 管道工程量

1) $DN150$：定额工程量 0.19 (10m)

0.1(PL 与墙间隙)+0.3(墙厚)+1.5(墙外段)=1.9m

套用《全国统一安装工程预算定额（第八册）》(GYD—208—2000) 8-158

基价：112.08 元；其中人工费 75.93 元，材料费 35.90 元，机械费 0.25 元

2) $DN100$：定额工程量 4.06 (10m)

3.0(层高)×6+1.0(PL 伸顶高度)+1.2(埋深)+[(0.6+0.9)(坐便器排出管长)+1.4(横支管至坐便器段长度)]×6=20.2+2.9×6=37.6m

套用《全国统一安装工程预算定额（第八册）》(GYD—208—2000) 8-157

基价：92.93 元；其中人工费 53.87 元，材料费 38.81 元，机械费 0.25 元

3) $DN75$：定额工程量 2.76 (10m)

[1.2(横支管至地漏浴盆段长度)+(0.9+1.2)(两地漏排出管长度)+(0.5+0.8)(两浴盆排出管长度)]×6=27.6m

套用《全国统一安装工程预算定额（第八册）》(GYD—208—2000) 8-156

基价：71.70 元；其中人工费 48.30 元，材料费 23.15 元，机械费 0.25 元

4) $DN50$：定额工程量 2.1 (10m)

[(0.9m+1.2m)(洗手盆横支管长)+0.7m×2(洗手盆排出管长)]×6=(2.1+1.4)×6=21m

套用《全国统一安装工程预算定额（第八册）》(GYD—208—2000) 8-155

基价：52.04 元；其中人工费 35.53 元，材料费 16.26 元，机械费 0.25 元

(2) 排水器具及附件

工程量套用定额计价表 **表 3-19**

序号	项目名称	定额工程量	定额编号	基价(元)	人工费(元)	材料费(元)	机械费(元)
1	蹲便器	1.2(10 套)	8-413	1812.01	167.42	1644.59	—
2	地漏	1.2(10 个)	8-447	55.88	37.15	18.73	—
3	浴盆	1.2(10 组)	8-376	1177.98	258.90	919.08	—
4	洗手盆	1.2(10 组)	8-390	348.58	60.37	288.21	—
5	清通口	6 个	—	—	—	—	—
6	检查口	3 个	—	—	—	—	—

(3) 土方工程量

铺设管长为：1.9-0.3=1.6m

一层排水横支管也需埋地，其长度：1.2+1.4+0.9+1.2=4.7m

排水出户铺设管和横支管管沟断面为矩形，沟宽定为 0.8m。

出户管沟槽深度为 1.2m，横支管为 0.6m。

则排水出户管沟槽开挖土方量为：$V_1=1.6\times1.2\times0.8=1.54m^3$

排水横支管沟槽开挖量：$V_2=4.7\times0.8\times0.6=2.26m^3$

开挖量共计：$1.54+2.26=3.8m^3$

管径所占体积不计，挖填土方量相等。

清单工程量计算见下表：

清单工程量计算表 **表 3-20**

序号	项目编码	项目名称	项目特征描述	计量单位	工程量
1	031001006001	塑料管	*DN*150	m	1.9
	031001006002		*DN*100	m	37.6
	031001006003		*DN*75	m	27.6
	031001006004		*DN*50	m	21
2	031004006001	大便器	蹲式	套	12
3	031004014001	地漏	*DN*75	个	12
4	031004001001	浴盆	搪瓷	组	12
5	031004003001	洗手盆	—	组	12

【例 3-17】 图 3-18 所示为某管道沿室内墙壁敷设平面图，其采用 J101、J102 一般管架支撑，求管架制作安装工程量（注：J101 管架按 65kg/只，J102 管架按 25kg/只计算重量）。

【解】

（1）清单工程量：5×65+2×25=375kg

（2）定额工程量：

1）J101 管架：5×65=325kg

2）J102 管架：2×25=50kg

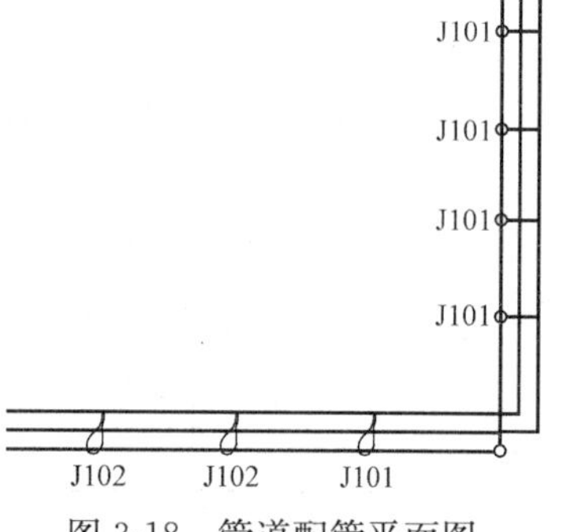

图 3-18 管道配管平面图

【例 3-18】 某 7 层写字楼的卫生间排水管道（见图 3-19、图 3-20），其首层是架空层，层高 3m，其余层高 2.7m。2 层至 7 层设有卫生间。管材为铸铁排水管，石棉水泥接口。地漏为 *DN*75，连接地漏的横管标高为楼板面下 0.1m，立管至室外第一个检查井的水平距离为 5m。明露排水铸铁管刷防锈底漆一遍，银粉漆二遍，埋地部分刷沥青漆二遍。求该排水管道系统的工程量并编制工程量清单。

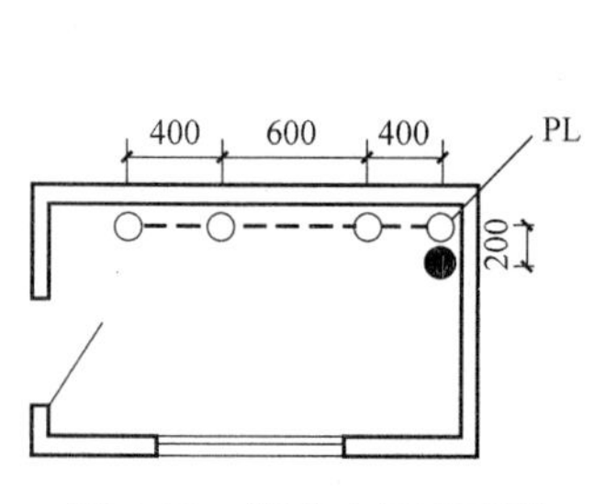

图 3-19 管道布置平面图

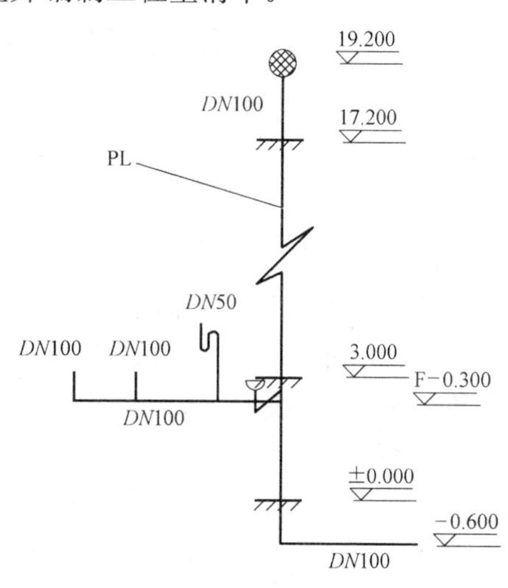

图 3-20 排水管道系统图

【解】

（1）器具排水管：

1）铸铁排水管 $DN50$：0.3×6=1.8m

2）铸铁排水管 $DN75$：0.1×6=0.6m

3）铸铁排水管 $DN100$：0.3×6×2=3.6m

（2）排水横管：

1）铸铁排水管 $DN75$：0.2×6=1.2m

2）铸铁排水管 $DN100$：(0.4+0.6+0.4)×6=8.4m

（3）排水立管和排出管：19.2+0.6+5=24.8m

（4）综合：

1）铸铁排水管 $DN50$：1.8m

2）铸铁排水管 $DN75$：1.8m

3）铸铁排水管 $DN100$：36.8m

其中埋地部分 $DN100$：5.6m

分部分项工程量清单见表 3-21。

分部分项工程量清单表 **表 3-21**

工程名称：排水管道工程　　标段：　　第　页　共　页

序号	项目编号	项目名称	项目特征描述	计量单位	工程量	金额(元)		
						综合单价	合价	其中
								暂估价
1	031001005001	承插铸铁排水管安装	$DN50$，一遍防锈底漆，二遍银粉漆	m	1.8			
2	031001005002	承插铸铁排水管安装	$DN75$，一遍防锈底漆，二遍银粉漆	m	1.8			
3	031001005003	承插铸铁排水管安装	$DN100$，一遍防锈底漆，二遍银粉漆	m	36.8			
4	031001005004	承插铸铁排水管安装	$DN100$，(埋地)二遍沥青漆	m	5.6			
合计								

3.2 采暖工程清单计价工程量计算

3.2.1 清单工程量计算规则

1. 供暖器具

供暖器具工程量清单项目设置、项目特征描述的内容、计量单位及工程量计算规则，应按表 3-22 的规定执行。

2. 采暖、给排水设备

采暖、给排水设备工程量清单项目设置、项目特征描述的内容、计量单位及工程量计算规则，应按表 3-23 的规定执行。

供暖器具（编码：031005） 表 3-22

项目编码	项目名称	项目特征	计量单位	工程量计算规则	工作内容
031005001	铸铁散热器	1)型号、规格 2)安装方式 3)托架形式 4)器具、托架除锈、刷油设计要求	片(组)	按设计图示数量计算	1)组对、安装 2)水压试验 3)托架制作、安装 4)除锈、刷油
031005002	钢制散热器	1)结构形式 2)型号、规格 3)安装方式 4)托架刷油设计要求	组(片)	按设计图示数量计算	1)安装 2)托架安装 3)托架刷油
031005003	其他成品散热器	1)材质、类型 2)型号、规格 3)托架刷油设计要求	组(片)	按设计图示数量计算	1)安装 2)托架安装 3)托架刷油
031005004	光排管散热器	1)材质、类型 2)型号、规格 3)托架形式及做法 4)器具、托架除锈、刷油设计要求	m	按设计图示排管长度计算	1)制作、安装 2)水压试验 3)除锈、刷油
031005005	暖风机	1)质量 2)型号、规格 3)安装方式	台	按设计图示数量计算	安装
031005006	地板辐射采暖	1)保温层材质、厚度 2)钢丝网设计要求 3)管道材质、规格 4)压力试验及吹扫设计要求	1)m^2 2)m	1)以平方米计量，按设计图示采暖房间净面积计算 2)以米计量，按设计图示管道长度计算	1)保温层及钢丝网铺设 2)管道排布、绑扎、固定 3)与分集水器连接 4)水压试验、冲洗 5)配合地面浇注
031005007	热媒集配装置	1)材质 2)规格 3)附件名称、规格、数量	台	按设计图示数量计算	1)制作 2)安装 3)附件安装
031005008	集气罐	1)材质 2)规格	个	按设计图示数量计算	1)制作 2)安装

注：1. 铸铁散热器，包括拉条制作安装。

2. 钢制散热器结构形式，包括钢制闭式、板式、壁板式、扁管式及柱式散热器等，应分别列项计算。

3. 光排管散热器，包括联管制作安装。

4. 地板辐射采暖，包括与分集水器连接和配合地面浇注用工。

采暖、给排水设备（编码：031006） 表 3-23

项目编码	项目名称	项目特征	计量单位	工程量计算规则	工作内容
031006001	变频给水设备	1)设备名称 2)型号、规格 3)水泵主要技术参数 4)附件名称、规格、数量 5)减振装置形式	套	按设计图示数量计算	1)设备安装 2)附件安装 3)调试 4)减振装置制作、安装

续表

项目编码	项目名称	项目特征	计量单位	工程量计算规则	工作内容
031006002	稳压给水设备	1)设备名称 2)型号、规格 3)水泵主要技术参数 4)附件名称、规格、数量 5)减振装置形式	套	按设计图示数量计算	1)设备安装 2)附件安装 3)调试 4)减振装置制作、安装
031006003	无负压给水设备	1)设备名称 2)型号、规格 3)水泵主要技术参数 4)附件名称、规格、数量 5)减振装置形式	套	按设计图示数量计算	1)设备安装 2)附件安装 3)调试 4)减振装置制作、安装
031006004	气压罐	1)型号、规格 2)安装方式	台	按设计图示数量计算	1)安装 2)调试
031006005	太阳能集热装置	1)型号、规格 2)安装方式 3)附件名称、规格、数量	套	按设计图示数量计算	1)安装 2)附件安装
031006006	地源(水源、气源)热泵机组	1)型号、规格 2)安装方式 3)减振装置形式	组	按设计图示数量计算	1)安装 2)减振装置制作、安装
031006007	除砂器	1)型号、规格 2)安装方式	台	按设计图示数量计算	安装
031006008	水处理器	1)类型 2)型号、规格	台	按设计图示数量计算	安装
031006009	超声波灭藻设备		台	按设计图示数量计算	
031006010	水质净化器		台	按设计图示数量计算	
031006011	紫外线杀菌设备	1)名称 2)规格	台	按设计图示数量计算	
031006012	热水器、开水炉	1)能源种类 2)型号、容积 3)安装方式	台	按设计图示数量计算	1)安装 2)附件安装
031006013	消毒器、消毒锅	1)类型 2)型号、规格	台	按设计图示数量计算	安装
031006014	直饮水设备	1)名称 2)规格	套	按设计图示数量计算	
031006015	水箱	1)材质、类型 2)型号、规格	台	按设计图示数量计算	1)制作 2)安装

注：1. 变频给水设备、稳压给水设备、无负压给水设备安装，说明：
1）压力容器包括气压罐、稳压罐、无负压罐；
2）水泵包括主泵及备用泵，应注明数量；
3）附件包括给水装置中配备的阀门、仪表、软接头，应注明数量，含设备、附件之间管路连接；
4）泵组底座安装，不包括基础砌（浇）筑，应按现行国家标准《房屋建筑与装饰工程工程量计算规范》（GB 50854—2013）相关项目编码列项；
5）控制柜安装及电气接线、调试应按《通用安装工程工程量计算规范》（GB 50856—2013）附录D电气设备安装工程相关项目编码列项。
2. 地源热泵机组，接管以及接管上的阀门、软接头、减振装置和基础另行计算，应按相关项目编码列项。

3. 采暖、空调水工程系统调试

采暖、空调水工程系统调试工程量清单项目设置、项目特征描述的内容、计量单位及工程量计算规则，应按表 3-24 的规定执行。

采暖、空调水工程系统调试（编码：031009） **表 3-24**

项目编码	项目名称	项目特征	计量单位	工程量计算规则	工作内容
031009001	采暖工程系统调试	1)系统形式 2)采暖(空调水)管道工程量	系统	按采暖工程系统计算	系统调试
031009002	空调水工程系统调试			按空调水工程系统计算	

注：1. 由采暖管道、管件、阀门、法兰、供暖器具组成采暖工程系统。
2. 由空调水管道、管件、阀门、法兰、冷水机组组成空调水工程系统。
3. 当采暖工程系统、空调水工程系统中管道工程量发生变化时，系统调试费用应作相应调整。

3.2.2 工程量计算相关问题说明

1. 管道安装

(1) 界限划分

1) 室内外管道以入口阀门或建筑物外墙皮 1.5m 为界。

2) 与工业管道以锅炉房或泵站外墙皮 1.5m 为界。

3) 工厂车间内采暖管道以采暖系统与工业管道碰头点为界。

4) 设在高层建筑内的加压泵间管道以泵站间外墙皮为界。

(2) 室内采暖管道的工程量均以图示中心线的“延长米”为单位计算，阀门、管件所占长度均不从延长米中扣除，但是散热器所占长度扣除。

室内采暖管道安装工程除管道本身价值和直径在 32mm 以上钢管支架需另行计算外，以下工作内容均已考虑在定额中，不能重复计算。

1) 管道及接头零件安装。

2) 水压试验或灌水试验。

3) *DN*32 以内钢管的管卡及托钩制作安装。

4) 弯管制作与安装（伸缩器、圆形补偿器除外）。

5) 穿墙及过楼板薄钢板套管安装人工等。

穿墙及过楼板镀锌薄钢板套管的制作应按镀锌薄钢板套管项目另行计算，钢套管的制作安装工料，按室外焊接钢管安装项目计算。

(3) 除锅炉房和泵房管道安装以及高层建筑内加压泵间的管道安装执行《全国统一安装工程预算定额（第六册）》（GYD—206—2000）的相应项目外，其余部分均按照《全国统一安装工程预算定额（第八册）》（GYD—208—2000）执行。

(4) 安装的管子规格若与定额中子目规定不相符合，应使用接近规格的项目，规格居中时，按大者套，超过定额最大规格时可作补充定额。

(5) 各种伸缩器制作安装根据其不同型式、连接方式和公称直径，分别以“个”为单位计算。

用直管弯制伸缩器，在计算工程量时，应分别并入不同直径的导管延长米内，弯曲的两臂长度原则上应按设计确定的尺寸计算。若设计未明确，按照弯曲臂长（H）的两倍计算。

套筒式以及除去以直管弯制的伸缩器以外的各种形式的补偿器，在计算时，均不扣除所占管道的长度。

（6）阀门安装工程量以“个”为单位计算，不分低压、中压，使用同一定额，但连接方式应按螺纹式和法兰式以及不同规格分别计算。螺纹阀门安装适用于内外螺纹的阀门安装。法兰阀门安装适用于各种法兰阀门的安装。若仅为一侧法兰连接，定额中的法兰、带帽螺栓及钢垫圈数量减半计算。各种法兰连接用垫片均按橡胶合棉板计算，若用其他材料，均不做调整。

2. 低压器具安装

采暖工程中的低压器具是指减压器和疏水器。

减压器和疏水器的组成与安装均应区分连接方式和公称直径的不同，分别以“组”为单位计算。减压器安装按高压侧的直径计算。减压器、疏水器若设计组成与定额不同，阀门和压力表数量可按设计需要量调整，其余不变。但单体安装的减压器、疏水器应按阀门安装项目执行。单体安装的安全阀可按阀门安装相应定额项目乘以系数 2.0 计算。

3. 供暖器具安装

（1）定额说明

1）本定额系参照 1993 年《全国通用暖通空调标准图集·采暖系统及散热器安装》（T9N112）编制的。

2）各类型散热器不分明装或暗装，均按类型分别编制。柱型散热器为挂装时，可执行 M132 项目。

3）柱型和 M132 型铸铁散热器安装用拉条时，拉条另行计算。

4）定额中列出的接口密封材料，除圆翼汽包垫采用橡胶石棉板以外，其余均采用成品汽包垫。若采用其他材料，不作换算。

5）光排管散热器制作、安装项目，单位每 10m 系指光排管长度。联管作为材料已列入定额，不可重复计算。

6）板式、壁板式，已计算托钩的安装人工和材料，闭式散热器，若主材价不包括托钩者，托钩价格另行计算。

（2）定额工程量计算规则

1）热空气幕安装，以“台”为计量单位，其支架制作安装可按相应定额另行计算。

2）长翼、柱型铸铁散热器组成安装，以“片”为计量单位，其汽包垫不得换算；圆翼型铸铁散热器组成安装，以“节”为计量单位。

3）光排管散热器制作安装，以“m”为计量单位，已包括联管长度，不能另行计算。

4. 小型容器制作安装

（1）定额说明

1）本定额系参照《全国通用给水排水标准图集》（S151，S342）及《全国通用采暖通风标准图集》（T905，T906）编制，适用于给排水、采暖系统中一般低压碳钢容器的制作和安装。

2）各种水箱连接管，均未包括在定额内，可执行室内管道安装的相应项目。

3）各类水箱均未包括支架制作安装，若为型钢支架，执行本定额“一般管道支架”项目；混凝土或砖支座可按土建相应项目执行。

4）水箱制作，包括水箱本身及人孔的质量。水位计、内外人梯均未包括在定额内，发生时，可另行计算。

（2）定额工程量计算规则

1）钢板水箱制作，按施工图所示尺寸，不扣除人孔、手孔质量，以“kg”为计量单位。法兰和短管水位计可按相应定额另行计算。

2）钢板水箱安装，按国家标准图集水箱容量“m^3”，执行相应定额。各种水箱安装，均以“个”为计量单位。

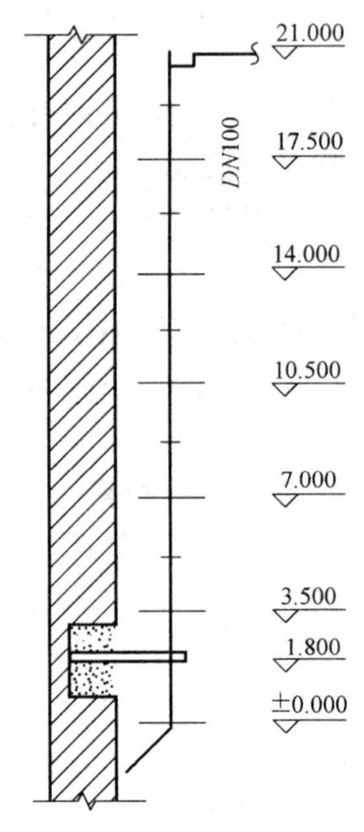

图 3-21　采暖供水总立管示意图

3.2.3　工程量计算实例

【例 3-19】 某住宅采暖系统供水总立管如图 3-21 所示，每层距地面 1.8m 处均安装立管卡，求立管管卡工程量。

【解】

（1）清单工程量

工程量：6(支架个数)×1.41(单支架重量)=8.46(kg)

清单工程量计算见表 3-25。

清单工程量计算表　　**表 3-25**

项目编码	项目名称	项目特征描述	计量单位	工程量
031002001001	管道支架制作安装	立管支架 *DN*100	kg	8.46

（2）定额工程量

*DN*100 管道支架制作安装，计量单位：100kg

工程量：$\frac{6(\text{支架个数})\times 1.41(\text{单个支架重量})}{100(\text{计量单位})}=0.0846$

套用《全国统一安装工程预算定额（第八册）》（GYD—208—2000）8-178

基价：654.69 元；其中人工费 235.45 元，材料费 194.98 元，机械费 224.26 元

注：立管管卡安装，层高≤5m，每层安装一个，位置距地面 1.8m，层高>5m，每层安装两个，位置匀称安装。

【例 3-20】 一住宅采暖系统热力入口如图 3-22 所示，室外热力管井至外墙面的距离为 2.0m，供回水管采用 *DN*125 的焊接钢管，求该热力入口的供、回水管的清单工程量。

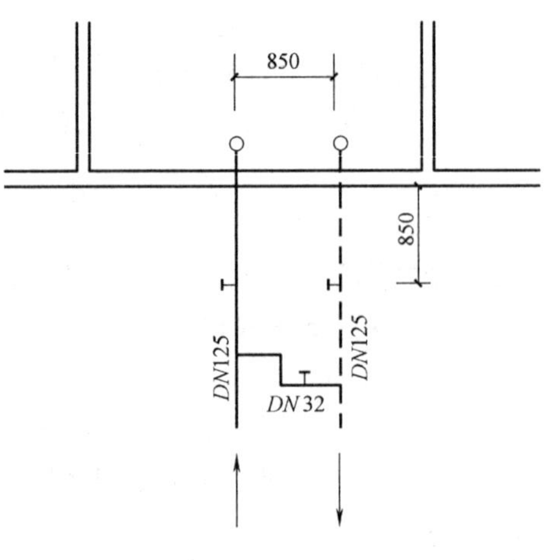

图 3-22　热力入口示意图

【解】

(1) 室外管道

采暖热源管道以入口阀门或建筑物外墙皮 1.5m 为界，这里以热力入口阀门为界。

*DN*125 钢管（焊接）管长：

[2.0(接入口与外墙面距离)−0.85(阀门与外墙面距离)]×2(供、回水管)=2.3m

$$工程量:\frac{2.3}{1}=2.3$$

(2) 室内管道

*DN*125 钢管（焊接）管长：

[0.85(阀门与外墙面距离)+0.37(外墙壁厚)+0.1(立管距外墙内墙面的距离)]×2(供回水两根管)=2.64m

$$工程量:\frac{2.64}{1}=2.64$$

清单工程量计算表 **表 3-26**

项目编码	项目名称	项目特征描述	单位	工程量
031001002001	钢管	室外管道 *DN*125	m	2.3
031001002002	钢管	室内管道 *DN*125	m	2.64

【例 3-21】 某住宅顶层采暖系统管道固定支架如图 3-23 所示，支架除锈后刷防锈漆两遍，银粉两遍。试求固定支架与滑动支架的支架清单工程量。

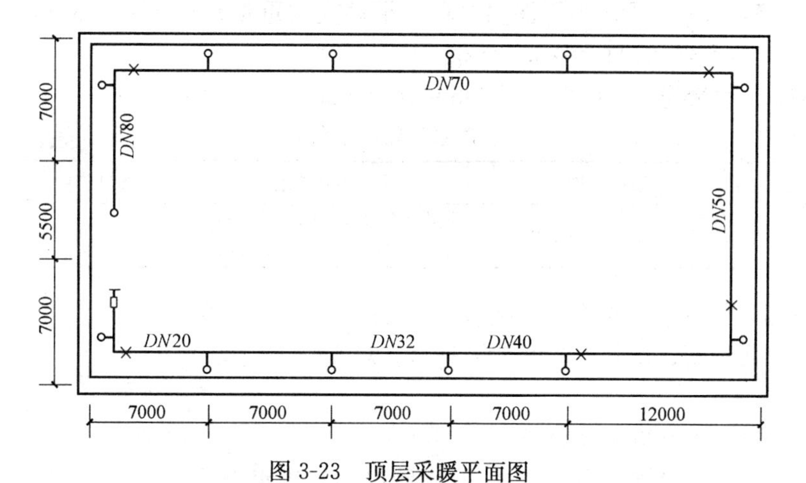

图 3-23 顶层采暖平面图

【解】

(1) 固定支架：供水干管 *DN*80 固定支架：1 个

供水干管 *DN*70 固定支架：1 个

供水干管 *DN*50 固定支架：2 个

供水干管 *DN*20 固定支架：1 个

$$工程量:\frac{1\times2.603+1\times1.905+2\times1.331+1\times0.509\text{（单个支架重量）}}{1\text{（计量单位）}}=7.679\text{kg}$$

(2) 滑动支架：

供水干管 $DN80$ 滑动支架，干管长度为：$7.0+\frac{5.5}{2}+7.0\times2-0.5$(横干管距墙面距离)$\times2=22.75$m

$DN80$ 干管不保温支架最大间距为 5m，所以支架个数：$\frac{22.75}{5}=5$

供水干管 $DN70$ 滑动支架干管长度：$7.0\times2+12.0-0.5$(横干管距墙面距离)$+0.2=25.7$m

$DN70$ 干管不保温支架最大间距为 5m，所以支架个数：$\frac{25.7}{5}=5$

供水干管 $DN50$ 滑动支架干管长度：$7.0\times2+5.5+12.0-0.5\times3-0.2=29.8$m

供水干管 $DN50$ 不保温支架最大间距为 4m，所以支架个数：$\frac{29.8}{4}=7$

供水干管 $DN40$ 滑动支架干管长度为 7.0m。

供水干管 $DN40$ 不保温支架最大间距为 3m，所以支架个数：$\frac{7.0}{3}=2$

供水干管 $DN32$ 滑动支架干管长度为 $7.0\times2=14.0$m

供水干管 $DN32$ 不保温支架最大间距为 2m，所以支架个数：$\frac{14}{2}=7$

供水干管 $DN20$ 滑动支架干管长度为 $7.0+\frac{7.0}{2}-0.5=10.0$m

供水干管 $DN20$ 不保温支架最大间距为 2.5m，所以支架个数：$\frac{10.0}{2.5}=4$

工程量：5×1.128($DN80$不保温管单个滑动支架重量)$+5\times1.078+7\times0.705+2\times0.634+7\times0.634+4\times0.416=23.335$kg

(3) 支架工程量为：$7.679+23.335=31.014$kg

清单工程量计算表 **表 3-27**

项目编码	项目名称	项目特征描述	计量单位	工程量
031002001001	管道支架制作安装	供水干管支架 *DN*20 *DN*32 *DN*40 *DN*50 *DN*70 *DN*80	kg	31.014

【例 3-22】 某住宅采暖系统立管安装如图 3-24 所示，立管为 $DN20$ 焊接钢管，单管顺流式安装连接。求立管工程量。

【解】

立管长度计算 $DN20$ 焊接钢管

$[12.5-(-1.200)]$(标高差)$+0.2$(立管中心与供水干管引入该立管处垂直距离)$+0.2$(立管中心与回水干管的垂直距离)-0.5(散热器进出水中心距)$\times5$(层数)$=11.6$m

清单工程量：11.6

清单工程量计算表 **表 3-28**

项目编码	项目名称	项目特征描述	单位	工程量
031001002001	钢管	采暖立管 *DN*20	m	11.6

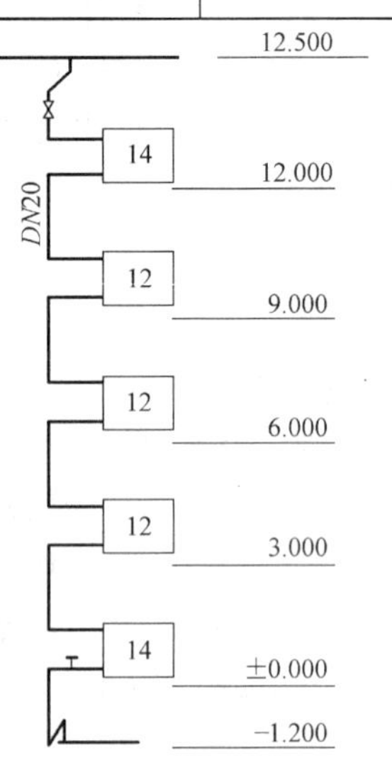

图 3-24 立管示意图

【例 3-23】 某建筑采暖系统立管如图 3-25 所示，建筑层高 3.5m，楼板厚 320mm，底层地面厚 360mm，立管穿墙用钢套管，为 *DN*25 的焊接钢管，螺纹连接，管道外刷红丹防锈漆两遍，银粉两遍，求立管及钢套管清单工程量。

【解】

（1）立管、*DN*25 焊接钢管（螺纹连接）

工程量：[21.70−(−0.7)](标高差)+0.5×2(转弯距离)=23.4

管道的除锈刷油已包含在了管道的工程项目中。

（2）钢套管：钢套管比管径大两号。

套管制作、安装已包括在了钢管的项目内容中。

（3）阀门 *DN*25 螺纹阀门

工程量：6(跨越管处阀门个数)+2(进出阀门个数)=8

清单工程量计算表 **表 3-29**

项目编码	项目名称	项目特征描述	计量单位	工程量
031001002001	钢管	*DN*25 焊接钢管（螺纹连接）	m	23.4
031003001001	螺纹阀门	管径 *DN*25	个	8

【例 3-24】 某建筑采用低温地板采暖系统，室内敷设管道为交联聚乙烯管 PE-X，管外径 20mm，内径 16mm，即 De16×2，敷设情况如图 3-26 所示，求其工程量。

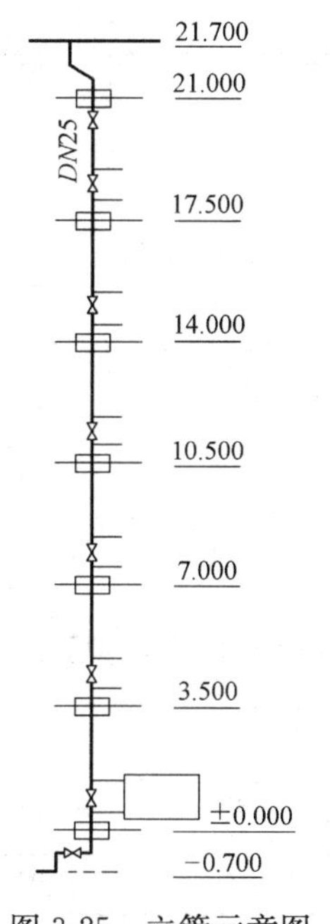

图 3-25 立管示意图

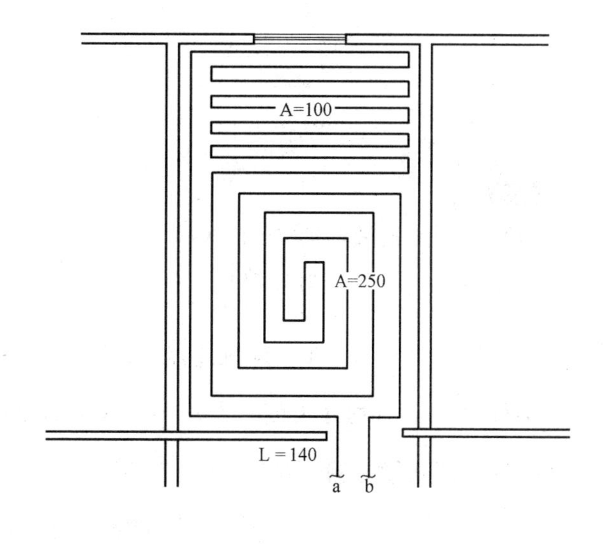

图 3-26 某房间管道布置图

说明：图中 a 接至分水器 b 接至集水器

【解】

（1）清单工程量

工程量：$\frac{140\text{（塑料管长）}}{1\text{（计量单位）}}=140$

清单工程量计算表 **表 3-30**

项目编码	项目名称	项目特征描述	单位	工程量
031001006001	塑料管	室内管道(PE-X)De16×2	m	140

(2) 定额工程量

塑料管 (PE-X)De16×2，计量单位：10m，工程量：$\frac{140\text{（塑料管长）}}{1\text{（计量单位）}}=14$

套用《全国统一安装工程预算定额（第六册）》(GYD—206—2000) 6-273

基价：14.19 元；其中人工费 11.12 元，材料费 0.42 元，机械费 2.65 元

【例 3-25】 某住宅采暖系统采用钢串片（闭式）散热器采暖（见图 3-27、图 3-28），其中所连支管为 DN20 的焊接钢管（螺纹连接），求其清单工程量。

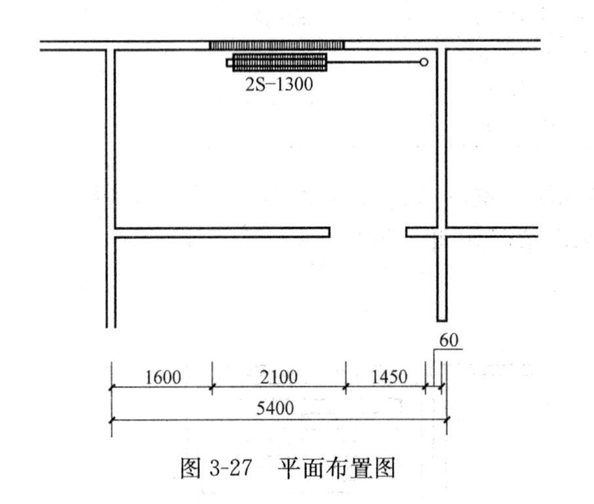

图 3-27 平面布置图

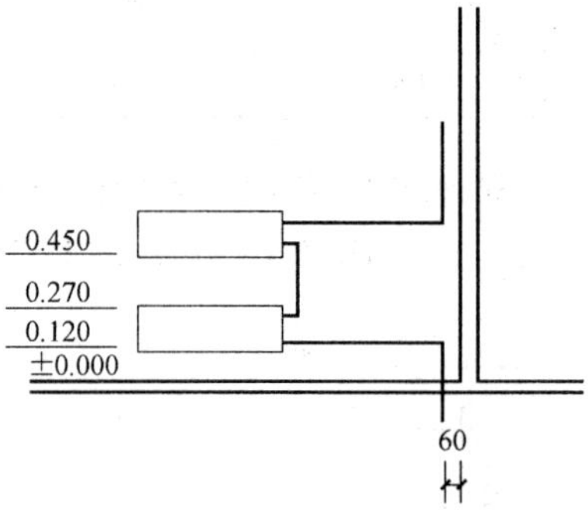

图 3-28 立管连接图

【解】

(1) 钢制闭式散热器 2S-1300

工程量：$\frac{1\times1\text{（每组片数）}}{1\text{（计量单位）}}=2$

(2) 焊接钢管 DN20（螺纹连接）

工程量：$\left[\frac{5.4}{2}\text{(房间长度一半)}-0.12\text{(半墙厚)}-0.06\text{(立管中心距内墙边距离)}\right]\times2-$ $1.300\text{(钢制闭式散热器的长度)}=3.74\text{m}$

清单工程量计算表 **表 3-31**

项目编码	项目名称	项目特征描述	计量单位	工程量
031005002001	钢制闭式散热器	钢制闭式散热器 2S-1300	片	2
031001002001	钢管	焊接钢管 DN20(螺纹连接)	m	3.74

【例 3-26】 某住宅采用 B 型光排散热器（见图 3-29），排管为五排，散热长度为 3m，散热高度为 495mm，排管管径为 $D57\times3.5$，散热器外刷红丹防锈漆两道，银粉两道。求其工程量。

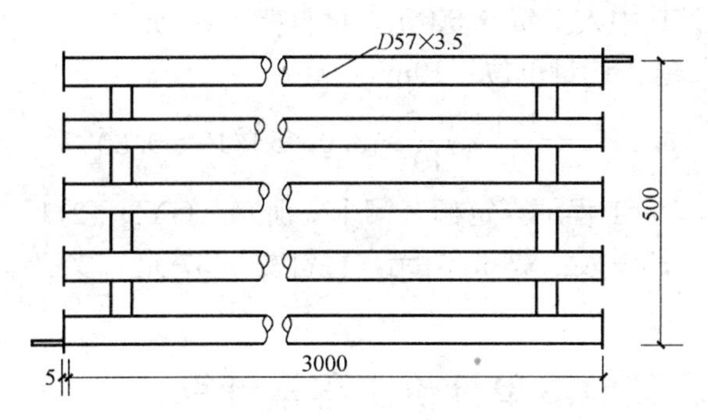

图 3-29　光排管散热器示意图

【解】

（1）清单工程量

光排管散热器制作安装

工程量：3.0×5=15.0m

清单工程量计算表　　　　**表 3-32**

项目编码	项目名称	项目特征描述	计量单位	工程量
031005004001	光排管散热器制作安装	光排管散热器 B 型 $D57×3.5$	m	15.0

（2）定额工程量

光排管散热器 B 型 $D57×3.5$

1）制作安装，计量单位：10m，工程量：15.0/10=1.5

套用《全国统一安装工程预算定额（第八册）》（GYD—208—2000）8-504

基价：110.69 元；其中人工费 42.49 元，材料费 41.49 元，机械费 26.71 元

2）刷红丹防锈漆一遍，计量单位：$10m^2$

工程量：$\left[\frac{1.89}{10}\right.$（单位 $D57×3.5$ 管长外刷油面积）×3.0×5（管长）+$\frac{1.51}{10}$（单位 $DN40$ 联管外刷油面积）×$\frac{0.7\text{（单位工程量联管长度）}}{10\text{（计量单位）}}$（单位 $D57×3.5$ 管长所需联管长度）×3.0×5（管长）$\left.\right]$/10（计量单位）=0.30

套用《全国统一安装工程预算定额（第十一册）》（GYD—211—2000）11-51

基价：7.34 元；其中人工费 6.27 元，材料费 1.07 元

3）刷红丹防锈漆第二遍，计量单位：$10m^2$

工程量：$\left(\frac{1.89}{10}×3.0×5+\frac{1.51}{10}×\frac{0.7}{10}×3.0×5\right)/10=0.30$

套用《全国统一安装工程预算定额（第十一册）》（GYD—211—2000）11-52

基价：7.23 元；其中人工费 6.27 元，材料费 0.96 元

4）刷银粉漆第一遍，计量单位：$10m^2$

工程量：$\left(\frac{1.89}{10}×3.0×5+\frac{1.51}{10}×\frac{0.7}{10}×3.0×5\right)/10=0.30$

套用《全国统一安装工程预算定额（第十一册）》（GYD—211—2000）11-56

基价：11.31 元；其中人工费 6.50 元，材料费 4.81 元

5）刷银粉漆第二遍，计量单位：$10m^2$

工程量：$\left(\frac{1.89}{10}\times3.0\times5+\frac{1.1}{10}\times\frac{0.7}{10}\times3.0\times5\right)/10=0.30$

套用《全国统一安装工程预算定额（第十一册）》（GYD—211—2000）11-57

基价：10.64 元；其中人工费 6.27 元，材料费 4.37 元

3.3 燃气工程及其他清单计价工程量计算

3.3.1 清单工程量计算规则

1. 燃气器具及其他

燃气器具及其他工程量清单项目设置、项目特征描述的内容、计量单位及工程量计算规则，应按表 3-33 的规定执行。

燃气器具及其他（编码：031007） **表 3-33**

项目编码	项目名称	项目特征	计量单位	工程量计算规则	工作内容
031007001	燃气开水炉	1)型号、容量 2)安装方式 3)附件型号、规格	台	按设计图示数量计算	1)安装 2)附件安装
031007002	燃气采暖炉		台	按设计图示数量计算	
031007003	燃气沸水器、消毒器	1)类型 2)型号、容量 3)安装方式 4)附件型号、规格	台	按设计图示数量计算	
031007004	燃气热水器		台	按设计图示数量计算	
031007005	燃气表	1)类型 2)型号、规格 3)连接方式 4)托架设计要求	块(台)	按设计图示数量计算	1)安装 2)托架制作、安装
031007006	燃气灶具	1)用途 2)类型 3)型号、规格 4)安装方式 5)附件型号、规格	台	按设计图示数量计算	1)安装 2)附件安装
031007007	气嘴	1)单嘴、双嘴 2)材质 3)型号、规格 4)连接形式	个	按设计图示数量计算	安装
031007008	调压器	1)类型 2)型号、规格 3)安装方式	台	按设计图示数量计算	安装
031007009	燃气抽水缸	1)材质 2)规格 3)连接形式	个	按设计图示数量计算	安装
031007010	燃气管道调长器	1)规格 2)压力等级 3)连接形式	个	按设计图示数量计算	安装

续表

项目编码	项目名称	项目特征	计量单位	工程量计算规则	工作内容
031007011	调压箱、调压装置	1)类型 2)型号、规格 3)安装部位	台	按设计图示数量计算	安装
031007012	引入口砌筑	1)砌筑形式、材质 2)保温、保护材料设计要求	处	按设计图示数量计算	1)保温(保护)台砌筑 2)填充保温(保护)材料

注：1. 沸水器、消毒器适用于容积式沸水器、自动沸水器、燃气消毒器等。
2. 燃气灶具适用于人工煤气灶具、液化石油气灶具、天然气燃气灶具等，用途应描述民用或公用，类型应描述所采用气源。
3. 调压箱、调压装置安装部位应区分室内、室外。
4. 引入口砌筑形式，应注明地上、地下。

2. 医疗气体设备及附件

医疗气体设备及附件工程量清单项目设置、项目特征描述的内容、计量单位及工程量计算规则，应按表 3-34 的规定执行。

医疗气体设备及附件（编码：031008） **表 3-34**

项目编码	项目名称	项目特征	计量单位	工程量计算规则	工作内容
031008001	制氧机	1)型号、规格 2)安装方式	台	按设计图示数量计算	1)安装 2)调试
031008002	液氧罐		台		
031008003	二级稳压箱		台		
031008004	气体汇流排		组		
031008005	集污罐		个		安装
031008006	刷手池	1)材质、规格 2)附件材质、规格	组	按设计图示数量计算	1)器具安装 2)附件安装
031008007	医用真空罐	1)型号、规格 2)安装方式 3)附件材质、规格	台	按设计图示数量计算	1)本体安装 2)附件安装 3)调试
031008008	气水分离器	1)规格 2)型号	台	按设计图示数量计算	安装
031008009	干燥机	1)规格 2)安装方式	台	按设计图示数量计算	1)安装 2)调试
031008010	储气罐		台		
031008011	空气过滤器		个		
031008012	集水器		台		
031008013	医疗设备带	1)材质 2)规格	m	按设计图示长度计算	
031008014	气体终端	1)名称 2)气体种类	个	按设计图示数量计算	

注：1. 气体汇流排适用于氧气、二氧化碳、氮气、笑气、氩气、压缩空气等医用气体汇流排安装。
2. 空气过滤器适用于医用气体预过滤器、精过滤器、超精过滤器等安装。

3.3.2 工程量计算相关问题说明

1. 定额说明

（1）本定额包括低压镀锌钢管、铸铁管、管道附件、器具安装。

(2) 室内外管道分界。

1) 地下引入室内的管道，以室内第一个阀门为界。

2) 地上引入室内的管道，以墙外三通为界。

(3) 室外管道与市政管道，以两者的碰头点为界。

(4) 各种管道安装定额包括下列工作内容。

1) 场内搬运，检查清扫，分段试压；

2) 管件制作（包括机械煨弯、三通）；

3) 室内托钩角钢卡制作与安装。

(5) 钢管焊接安装项目适用于无缝钢管和焊接钢管。

(6) 编制预算时，下列项目应另行计算。

1) 阀门安装，按照本定额相应项目另行计算；

2) 法兰安装，按照本定额相应项目另行计算（调长器安装、调长器与阀门联装、燃气计量表安装除外）；

3) 穿墙套管，薄钢板管按照本定额相应项目计算，内墙用钢套管按照本定额室外钢管焊接定额相应项目计算，外墙钢套管按照《全国统一安装工程预算定额（第六册）》(GYD—206—2000) 定额相应项目计算；

4) 埋地管道的土方工程及排水工程，执行相应预算定额；

5) 非同步施工的室内管道安装的打、堵洞眼，执行《全国统一建筑工程基础定额》(GJD—101—1995)；

6) 室外管道所有带气碰头；

7) 燃气计量表安装，不包括表托、支架、表底基础；

8) 燃气加热器具只包括器具与燃气管终端阀门连接，其他执行相应定额；

9) 铸铁管安装，定额内未包括接头零件，可按设计数量另行计算，但人工、机械不变。

(7) 承插煤气铸铁管，以 N 和 X 型接口形式编制的，如果采用 N 型和 SMJ 型接口时，其人工乘以系数 1.05；当安装 X 型、ϕ400 铸铁管接口时，每个口增加螺栓 2.06 套，人工乘以系数 1.08。

(8) 燃气输送压力大于 0.2MPa 时，承插煤气铸铁管安装定额中人工乘以系数 1.3。燃气输送压力的分级见表 3-35。

燃气输送压力（表压）分级 **表 3-35**

名称	低压燃气管道	中压燃气管道		高压燃气管道	
		B	A	B	A
压力/MPa	$P \leqslant 0.005$	$0.005 < P \leqslant 0.2$	$0.2 < P \leqslant 0.4$	$0.4 < P \leqslant 0.8$	$0.8 < P \leqslant 1.6$

2. 定额工程量计算规则

(1) 各种管道安装，均按设计管道中心线长度，以“m”为计量单位，不扣除各种管件和阀门所占长度。

(2) 除铸铁管以外，管道安装中已包括管件安装和管件本身价值。

(3) 承插铸铁管安装定额中未列出接头零件，其本身价值应按照设计用量另行计算，其余不变。

(4) 钢管焊接挖眼接管工作，均在定额中综合取定，不可另行计算。

(5) 调长器及调长器与阀门连接，包括一副法兰安装，螺栓规格和数量以压力为0.6MPa的法兰装配；若压力不同，可按设计要求的数量、规格进行调整，其他不变。

(6) 燃气表安装，按照不同规格、型号分别以“块”为计量单位，不包括表托、支架、表底垫层基础，其工程量可根据设计要求另行计算。

(7) 燃气加热设备、灶具等按照不同用途规定型号，分别以“台”为计量单位。

(8) 气嘴安装按规格型号连接方式，分别以“个”为计量单位。

3.3.3 工程量计算实例

【例 3-27】 某砖砌蒸锅灶（见图 3-30）燃烧器负荷为 55kW，嘴数为 20 孔，烟道为 160×210，煤气进入管为 *DN*25（焊接）镀锌钢管，求其工程量。

【解】

(1) 清单工程量

1) XN15 型单嘴内螺纹气嘴

工程量：$\frac{20\text{（气嘴数）}}{1\text{（计量单位）}}=20$

2) *DN*25 焊接法兰

工程量：$\frac{1\text{（副数）}}{1\text{（计量单位）}}=1$

3) *DN*15 法兰旋塞阀

工程量：$\frac{1\text{（个数）}}{1\text{（计量单位）}}=1$

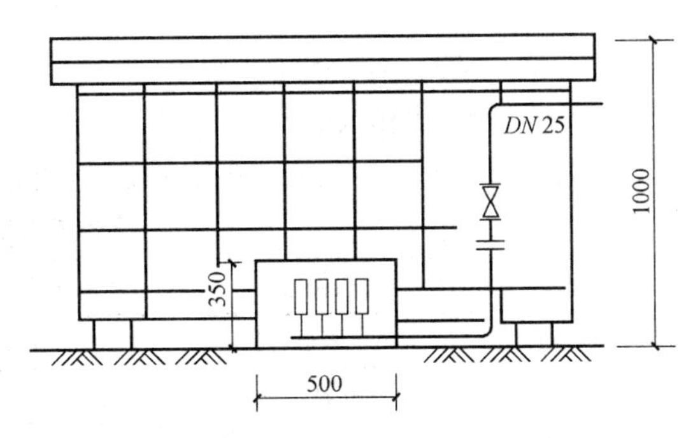

图 3-30 砖砌蒸锅灶示意图

清单工程量计算表 表 3-36

项目编码	项目名称	项目特征描述	计量单位	工程量
031007007001	气嘴	XN15 型单嘴内螺纹气嘴	个	20
031003011001	焊接法兰	*DN*25	副	1
031003003001	法兰旋塞阀	*DN*15	个	1

(2) 定额工程量：

1) XN15 型单嘴内螺纹气嘴，计量单位：10 个，工程量：$\frac{20\text{（气嘴数）}}{10\text{（计量单位）}}=2.0$

套用《全国统一安装工程预算定额（第八册）》(GYD—208—2000) 8-680

基价：13.68 元；其中人工费 13.00 元，材料费 0.68 元

2) *DN*25 焊接法兰，计量单位：副，工程量：$\frac{1\text{（副数）}}{1\text{（计量单位）}}=1$

套用《全国统一安装工程预算定额（第八册）》(GYD—208—2000) 8-189

基价：18.44 元；其中人工费 6.50 元，材料费：5.74 元，机械费：6.20 元

3) *DN*15 法兰旋塞阀，计量单位：个，工程量：$\frac{1\text{（个数）}}{1\text{（计量单位）}}=1$

套用《全国统一安装工程预算定额（第八册）》(GYD—208—2000) 8-256

基价：69.67 元；其中人工费 8.82 元，材料费 54.65 元，机械费 6.20 元

【例 3-28】 某室内燃气管道局部如图 3-31 所示，燃气管道采用无缝钢管 D219×6。外刷沥青底漆三层，夹玻璃布两层以防腐，求该管道清单工程量。

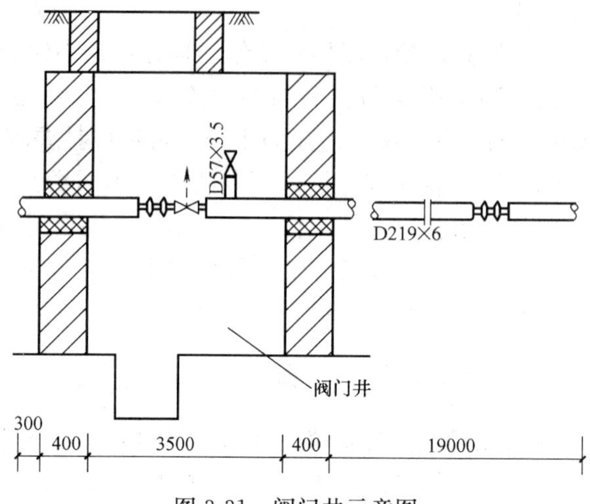

图 3-31　阀门井示意图

【解】

1）燃气管道调长器 *DN*200，工程量：1

2）焊接法兰阀门 *DN*50，工程量：1

3）法兰 *DN*200，工程量：1

4）无缝钢管 D219×6

工程量：0.3＋0.4＋3.5＋0.4＋19.0＝23.6

清单工程量计算表　　　　**表 3-37**

项目编码	项目名称	项目特征描述	计量单位	工程量
031007010001	燃气管道调长器	*DN*200	个	1
031003003001	焊接法兰阀门	*DN*50	个	1
031003011001	法兰	*DN*200	副	1
031001002001	钢管	D219×6	m	23.6

【例 3-29】 某住宅燃气管道连接如图 3-32 所示，用户使用双眼灶具 JZ—2，燃气表为 $2m^3/h$ 的单表头燃气表，使用平衡式快速热水器，室内管道为镀锌钢管 *DN*20，求其清单工程量。

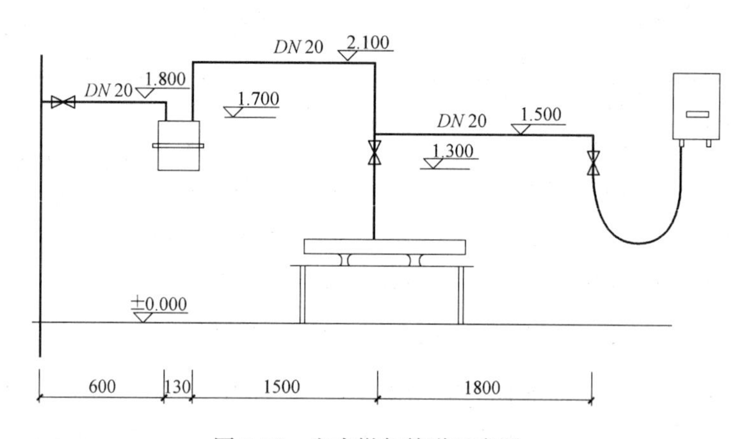

图 3-32　室内燃气管道示意图

【解】

（1）镀锌钢管 *DN*20

工程量：{(0.6+1.5+1.8)(水平管长度)+[(1.8−1.7)+(2.1−1.7)+(2.1−1.3)+(1.5—1.3)](竖直管长度)}/1(计量单位)

=(3.9+1.5)/1

=5.4

(2) 螺纹阀门旋塞阀 *DN*20，球阀 *DN*20

旋塞阀工程量：$\frac{2}{1}=2$

球阀工程量：$\frac{1}{1}=1$

(3) 单表头燃气表 $2m^3/h$，工程量：1

(4) 燃气快速热水器直排式，工程量：$\frac{1}{1}=1$

(5) 气灶具：双眼灶具 JZ—2，工程量：$\frac{1}{1}=1$

清单工程量计算表 **表 3-38**

项目编码	项目名称	项目特征描述	计量单位	工程量
031001001001	镀锌钢管	*DN*20	m	5.4
031003001001	旋塞阀	*DN*20	个	2
031003001002	球阀	*DN*20	个	1
031007005001	燃气表	单表头燃气表 $2m^3/h$	块	1
031007004001	燃气快速热水器	直排式	台	1
031007006001	燃气灶具	双眼灶具 JZ—2	台	1

【例 3-30】 某建筑燃气立管敷设在外墙上，引入管采用 D57×3.5 无缝钢管，燃气立管采用镀锌钢管，该燃气由中压管道经调节器后供给用户，调压器设在专用箱体内，调压箱挂在外墙壁上，调压箱底部距室外地坪高 1.5m，如图 3-33 所示。其中标高 0.700m 处设清扫口，采用法兰连接，镀锌钢管外刷防锈漆两道，银粉漆两道，求其清单工程量。

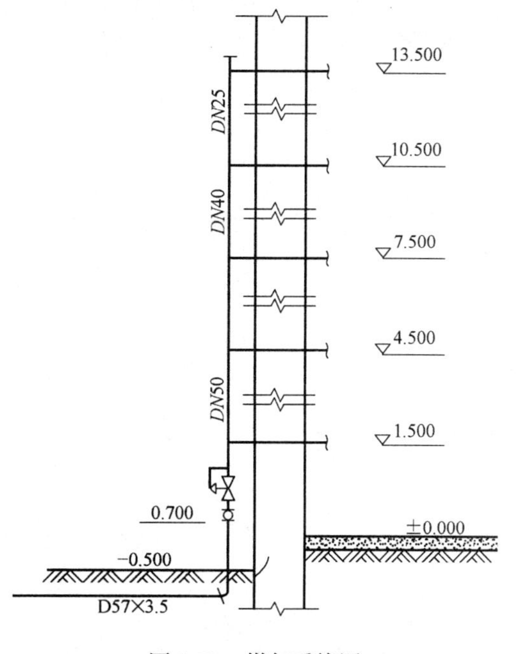

图 3-33 煤气系统图

【解】

(1) *DN*50 煤气调压器安装，工程量：1

(2) *DN*50 法兰焊接连接，工程量：1

(3) *DN*50 镀锌钢管

工程量：$\frac{7.500-1.500\ (标高差)}{1\ (计量单位)}=6$

(4) *DN*40 镀锌钢管

工程量：$\frac{10.500-7.500\ (标高差)}{1\ (计量单位)}=3$

（5）*DN*25 镀锌钢管

工程量：$\frac{13.500-10.500（标高差）+0.2}{1（计量单位）}=3.2$

清单工程量计算表 **表 3-39**

项目编码	项目名称	项目特征描述	计量单位	工程量
031007008001	煤气调压器	*DN*50	个	1
031003011001	焊接法兰	*DN*50	副	1
031001001001	镀锌钢管	*DN*50	m	6
031001001002	镀锌钢管	*DN*40	m	3
031001001003	镀锌钢管	*DN*25	m	3.2

4 水暖工程计价表格与编制实例

4.1 水暖工程计价表格

(1) 工程计价表宜采用统一格式。各省、自治区、直辖市建设行政主管部门和行业建设主管部门可根据本地区、本行业的实际情况，在《建设工程工程量清单计价规范》(GB 50500—2013) 附录 B 至附录 L 计价表格的基础上补充完善。

(2) 工程计价表格的设置应满足工程计价的需要，方便使用。

(3) 工程量清单的编制应符合下列规定：

1) 工程量清单编制使用表格包括：封-1、扉-1、表-01、表-08、表-11、表-12 (不含表-12-6～表-12-8)、表-13、表-20、表-21 或表-22。

2) 扉页应按规定的内容填写、签字、盖章，由造价员编制的工程量清单应有负责审核的造价工程师签字、盖章。受委托编制的工程量清单，应有造价工程师签字、盖章以及工程造价咨询人盖章。

3) 总说明应按下列内容填写：

① 工程概况：建设规模、工程特征、计划工期、施工现场实际情况、自然地理条件、环境保护要求等。

② 工程招标和专业工程发包范围。

③ 工程量清单编制依据。

④ 工程质量、材料、施工等的特殊要求。

⑤ 其他需要说明的问题。

(4) 招标控制价、投标报价、竣工结算的编制应符合下列规定：

1) 使用表格：

① 招标控制价使用表格包括：封-2、扉-2、表-01、表-02、表-03、表-04、表-08、表-09、表-11、表-12 (不含表-12-6～表-12-8)、表-13、表-20、表-21 或表-22。

② 投标报价使用的表格包括：封-3、扉-3、表-01、表-02、表-03、表-04、表-08、表-09、表-11、表-12 (不含表-12-6～表-12-8)、表-13、表-16、招标文件提供的表-20、表-21 或表-22。

③ 竣工结算使用的表格包括：封-4、扉-4、表-01、表-05、表-06、表-07、表-08、表-09、表-10、表-11、表-12、表-13、表-14、表-15、表-16、表-17、表-18、表-19、表-20、表-21 或表-22。

2) 扉页应按规定的内容填写、签字、盖章，除承包人自行编制的投标报价和竣工结算外，受委托编制的招标控制价、投标报价、竣工结算，由造价员编制的应有负责审核的造价工程师签字、盖章以及工程造价咨询人盖章。

3）总说明应按下列内容填写：

① 工程概况：建设规模、工程特征、计划工期、合同工期、实际工期、施工现场及变化情况、施工组织设计的特点、自然地理条件、环境保护要求等。

② 编制依据等。

（5）工程造价鉴定应符合下列规定：

1）工程造价鉴定使用表格包括：封-5、扉-5、表-01、表-05～表-20、表-21 或表-22。

2）扉页应按规定内容填写、签字、盖章，应有承担鉴定和负责审核的注册造价工程师签字、盖执业专用章。

3）说明应按《建设工程工程量清单计价规范》（GB 50500—2013）的规定填写。

① 鉴定项目委托人名称、委托鉴定的内容。

② 委托鉴定的证据材料。

③ 鉴定的依据及使用的专业技术手段。

④ 对鉴定过程的说明。

⑤ 明确的鉴定结论。

⑥ 其他需说明的事宜。

（6）投标人应按招标文件的要求，附工程量清单综合单价分析表。

招标工程量清单封面

<table>
<tr><td>

____________________工程

招标工程量清单

招标人：____________
（单位盖章）

造价咨询人：____________
（单位盖章）

年　　月　　日

</td></tr>
</table>

封-1

招标控制价封面

____________________工程 **招标控制价** 招标人：____________ （单位盖章） 造价咨询人：____________ （单位盖章） 年　　月　　日

封-2

投标总价封面

____________________工程 **投标总价** 招标人：____________ （单位盖章） 年　　月　　日

封-3

竣工结算书封面

________________工程

竣工结算书

发包人：________________
（单位盖章）
承包人：________________
（单位盖章）
造价咨询人：________________
（单位盖章）

年　　月　　日

封-4

工程造价鉴定意见书封面

________________工程

编号：×××[2×××]××号

工程造价鉴定意见书

造价咨询人：________________
（单位盖章）

年　　月　　日

封-5

招标工程量清单扉页

______________工程

招标工程量清单

招标人：______________
（单位盖章）

造价咨询人：______________
（单位盖章）

法定代表人
或其授权人：______________
（签字或盖章）

法定代表人
或其授权人：______________
（签字或盖章）

编制人：..............................
（造价人员签字盖专用章）

复核人：..............................
（造价工程师签字盖专用章）

编制时间：　年　月　日

复核时间：　年　月　日

扉-1

招标控制价扉页

______________________工程

招标控制价

招标控制价(小写)______________________

(大写)______________________

招标人:_________________

(单位盖章)

造价咨询人:_________________

(单位资质专用章)

法定代表人

或其授权人:_________________

(签字或盖章)

法定代表人

或其授权人:_________________

(签字或盖章)

编制人:.............................

(造价人员签字盖专用章)

复核人:.............................

(造价工程师签字盖专用章)

编制时间:　　年　　月　　日

复核时间:　　年　　月　　日

扉-2

投标总价扉页

投标总价

投标人：______________________________

工程名称：______________________________

投标总价（小写）：______________________________

（大写）：______________________________

投标人：______________________________

（单位盖章）

法定代表人

或其授权人：______________________________

（签字或盖章）

编制人：______________________________

（造价人员签字盖专用章）

时 间： 年 月 日

扉-3

竣工结算总价扉页

______________工程

竣工结算总价

签约合同价(小写):____________(大写):____________________________

竣工结算价(小写):____________(大写):____________________________

发包人:__________ 承包人:__________ 造价咨询人:__________

(单位盖章) (单位盖章) (单位资质专用章)

法定代表人 法定代表人 法定代表人

或其授权人:__________ 或其授权人:__________ 或其授权人__________

(签字或盖章) (签字或盖章) (签字或盖章)

编制人:____________________ 核对人:____________________

(造价人员签字盖专用章) (造价工程师签字盖专用章)

编制时间: 年 月 日 核对时间: 年 月 日

扉-4

工程造价鉴定意见书扉页

<table>
<tr><td>

__________________工程

工程造价鉴定意见书

鉴定结论：

造价咨询人：______________________________
（盖单位章及资质专用章）

法定代表人：______________________________
（签字或盖章）

造价工程师：______________________________
（签字盖专用章）

年　月　日

</td></tr>
</table>

扉-5

总说明

工程名称：　　　　　　　　　　　　　　　　　　第　页　共　页

<table>
<tr><td> </td></tr>
</table>

表-01

建设项目招标控制价/投标报价汇总表

工程名称：　　　　　　　　　　　　　　　　　　　　　　　　第　页　共　页

序号	单项工程名称	金额(元)	其中(元)		
			暂估价	安全文明施工费	规费
合计					

注：本表适用于建设项目招标控制价或投标报价的汇总。

表-02

单项工程招标控制价/投标报价汇总表

工程名称：　　　　　　　　　　　　　　　　　　　　　　　　第　页　共　页

序号	单项工程名称	金额(元)	其中(元)		
			暂估价	安全文明施工费	规费
合计					

注：本表适用于单项工程招标控制价或投标报价的汇总。暂估价包括分部分项工程中的暂估价和专业工程暂估价。

表-03

单位工程招标控制价/投标报价汇总表

工程名称：　　　　　　　　　　　　　　标段：　　　　　　　　　　　　　　第　页　共　页

序号	汇总内容	金额(元)	其中：暂估价(元)
1	分部分项工程		
1.1			
1.2			
1.3			
1.4			
1.5			
2	措施项目		—
2.1	其中：安全文明施工费		—
3	其他项目		—
3.1	其中：暂列金额		—
3.2	其中：专业工程暂估价		—
3.3	其中：计日工		—
3.4	其中：总承包服务费		—
4	规费		—
5	税金		—
招标控制价合计=1+2+3+4+5			

注：本表适用于单位工程招标控制价或投标报价的汇总，如无单位工程划分，单项工程也使用本表汇总。

表-04

建设项目竣工结算汇总表

工程名称：　　　　　　　　　　　　　　　　　　　　　第　页　共　页

序号	单项工程名称	金额(元)	其中(元)	
			安全文明施工费	规费
合计				

表-05

单项工程竣工结算汇总表

工程名称：　　　　　　　　　　　　　　　　　　　　　第　页　共　页

序号	单项工程名称	金额(元)	其中(元)	
			安全文明施工费	规费
合计				

表-06

单位工程竣工结算汇总表

工程名称：　　　　　　　　　　标段：　　　　　　　　　　第　页　共　页

序号	汇总内容	金额(元)
1	分部分项工程	
1.1		
1.2		
1.3		
1.4		
1.5		
2	措施项目	
2.1	其中:安全文明施工费	
3	其他项目	
3.1	其中:专业工程结算价	
3.2	其中:计日工	
3.3	其中:总承包服务费	
3.4	其中:索赔与现场签证	
4	规费	
5	税金	
竣工结算总价合计=1+2+3+4+5		

注：如无单位工程划分，单项工程也使用本表汇总。

表-07

分部分项工程和单价措施项目清单与计价表

工程名称：　　　　　　　　　标段：　　　　　　　　　　第　页　共　页

序号	项目编码	项目名称	项目特征描述	计算单位	工程量	金额(元)		
						综合单价	合价	其中
								暂估价
本页小计								
合计								

注：为记取规费等的使用，可在表中增设其中："定额人工费"。

表-08

综合单价分析表

工程名称： 标段： 第 页 共 页

项目编码		项目名称		计量单位		工程量	

综合单价组成明细

定额编号	定额名称	定额单位	数量	单价				合价			
				人工费	材料费	机械费	管理费和利润	人工费	材料费	机械费	管理费和利润
人工单价	小计										
元/工日	未计价材料费										
清单项目综合单价											

材料费明细	主要材料名称、规格、型号	单位	数量	单价（元）	合价（元）	暂估单价（元）	暂估合价（元）
	其他材料费			—		—	
	材料费小计			—		—	

注：1. 如不使用省级或行业建设主管部门发布的计价依据，可不填定额编号、名称等。

2. 招标文件提供了暂估单价的材料，按暂估的单价填入表内“暂估单价”栏及“暂估合价”栏。

表-09

综合单价调整表

工程名称：　　　　　　　　标段：　　　　　　　　第　页　共　页

序号	项目编码	项目名称	已标价清单综合单价(元)					调整后综合单价(元)				
			综合单价	其中				综合单价	其中			
				人工费	材料费	机械费	管理费和利润		人工费	材料费	机械费	管理费和利润

造价工程师(签章)：　发包人代表(签章)： 日期：	造价人员(签章)：　承包人代表(签章)： 日期：

注：综合单价调整应附调整依据。

表-10

总价措施项目清单与计价表

工程名称：　　　　　　　　　　　　　　　　标段：　　　　　　　　　　　　　　第　页　共　页

序号	项目编码	项目名称	计算基础	费率（%）	金额（元）	调整费率（%）	调整后金额（元）	备注
		安全文明施工费						
		夜间施工增加费						
		二次搬运费						
		冬雨期施工增加费						
		已完工程及设备保护费						
		合计						

编制人（造价人员）：　　　　　　　　　　　　　　　　　　　　　　复核人（造价工程师）：

注：1. “计算基础”中安全文明施工费可为“定额基价”、“定额人工费”或“定额人工费＋定额机械费”，其他项目可为“定额人工费”或“定额人工费＋定额机械费”。

2. 按施工方案计算的措施费，若无“计算基础”和“费率”的数值，也可只填“金额”数值，但应在备注栏说明施工方案出处或计算方法。

表-11

其他项目清单与计价汇总表

工程名称：　　　　　　　　　　　　标段：　　　　　　　　　　　　第　页　共　页

序号	项目名称	金额(元)	结算金额(元)	备注
1	暂列金额			明细详见表-12-1
2	暂估价			
2.1	材料(工程设备)暂估价/结算价			明细详见表-12-2
2.2	专业工程暂估价/结算价			明细详见表-12-3
3	计日工			明细详见表-12-4
4	总承包服务费			明细详见表-12-5
5	索赔与现场签证			明细详见表-12-6
合计				—

注：材料（工程设备）暂估单价进入清单项目综合单价，此处不汇总。

表-12

暂列金额明细表

工程名称：　　　　　　　　　　　　标段：　　　　　　　　　　　　第　页　共　页

序号	项目名称	计量单位	暂定金额(元)	备注
1				
2				
3				
4				
5				
6				
合计				—

注：此表由招标人填写，如不能详列，也可只列暂定金额总额，投标人应将上述暂列金额计入投标总价中。

表-12-1

材料（工程设备）暂估单价及调整表

工程名称：　　　　　　　　　　　　标段：　　　　　　　　　　　　第　页　共　页

序号	材料(工程设备)名称、规格、型号	计量单位	数量		暂估价(元)		确认价(元)		差额±(元)		备注
			暂估	确认	单价	合价	单价	合价	单价	合价	
合计											

注：此表由招标人填写“暂估单价”，并在备注栏说明暂估价的材料、工程设备拟用在那些清单项目上，投标人应将上述材料，工程设备暂估单价计入工程量清单综合单价报价中。

表-12-2

专业工程暂估价及结算价表

工程名称：　　　　　　　　　　　　标段：　　　　　　　　　　　　第　页　共　页

序号	工程名称	工程内容	暂估金额(元)	结算金额(元)	差额±(元)	备注
合计						

注：此表“暂估金额”由招标人填写，投标人应将“暂估金额”计入投标总价中。结算时按合同约定结算金额填写。

表-12-3

计日工表

工程名称：　　　　　　　　　　　　标段：　　　　　　　　　　　　第　页　共　页

编号	项目名称	单位	暂定数量	实际数量	综合单价(元)	合价(元)	
						暂定	实际
一	人工						
1							
2							
人工小计							
二	材料						
1							
2							
材料小计							
三	施工机械						
1							
2							
施工机械小计							
四、企业管理费和利润							
总计							

注：此表项目名称、暂定数量由招标人填写，编制招标控制价时，单价由招标人按有关计价规定确定；投标时，单价由投标人自主报价，按暂定数量计算合价计入投标总价中。结算时，按承包双方确认的实际数量计算合价。

表-12-4

总承包服务费计价表

工程名称：　　　　　　　　　　　　标段：　　　　　　　　　　　　第　页　共　页

序号	工程名称	项目价值(元)	服务内容	计算基础	费率(%)	金额(元)
1	发包人发包专业工程					
2	发包人提供材料					
	合计	—	—		—	

注：此表项目名称，服务内容由招标人填写，编制招标控制价时，费率及金额由招标人按有关计价规定确定；投标时，费率及金额由投标人自主报价，计入投标总价。

表-12-5

索赔与现场签证计价汇总表

工程名称：　　　　　　　　　　标段：　　　　　　　　　　第　页　共　页

序号	签证及索赔项目名称	计量单位	数量	单价(元)	合价(元)	索赔及签证依据
—	本页小计	—	—	—		—
—	合计	—	—	—		—

注：签证及索赔依据是指经双方认可的签证单和索赔依据的编号。

表-12-6

费用索赔申请（核准）表

工程名称：　　　　　　　　　　　　　　标段：　　　　　　　　　　　　　　编号：

<table>
<tr><td colspan="2">致：________________________________（发包人全称）
根据施工合同条款第______条的约定，由于______原因，我方要求索赔金额（大写）______元，（小写）______元，请予核准。
附：1. 费用索赔的详细理由和依据：
2. 索赔金额的计算：
3. 证明材料：

承包人（章）
造价人员__________　　承包人代表__________　　日　期__________</td></tr>
<tr><td>复核意见：
根据施工合同条款第______条的约定，你方提出的费用索赔申请经复核：
□不同意此项索赔，具体意见见附件。
□同意此项索赔，索赔金额的计算，由造价工程师复核。

监理工程师__________
日　　期__________</td><td>复核意见：
根据施工合同条款第______条的约定，你方提出的费用索赔申请经复核，索赔金额为（大写）______元，（小写）______元。

造价工程师__________
日　　期__________</td></tr>
<tr><td colspan="2">审核意见：
□不同意此项索赔。
□同意此项索赔，与本期进度款同期支付。

发包人（章）
发包人代表__________
日　　期__________</td></tr>
</table>

注：1. 在选择栏中的“□”内作标志“√”；

2. 本表一式四份，由承包人填报，发包人、监理人、造价咨询人、承包人各存一份。

表-12-7

现场签证表

工程名称：　　　　　　　　　　　　标段：　　　　　　　　　　　　编号：

<table>
<tr><td>施工单位</td><td></td><td>日期</td><td></td></tr>
<tr><td colspan="4">致：____（发包人全称）
根据_______（指令人姓名）____年____月____日的口头指令或你方_______（或监理人）____年____月____日的书面通知，我方要求完成此项工作应支付价款金额为（大写）_______元，（小写）_______元，请予核准。
附：1. 签证事由及原因：
2. 附图及计算式：
承包人（章）
造价人员______________　　承包人代表______________　　日　期______________</td></tr>
<tr><td colspan="2">复核意见：
你方提出的此项签证申请经复核：
□不同意此项签证，具体意见见附件。
□同意此项签证，签证金额的计算，由造价工程师复核。
监理工程师______________
日　　期______________</td><td colspan="2">复核意见：
□此项签证按承包人中标的计日工单价计算，金额为（大写）_______元，（小写）_______元。
□此项签证因无计日工单价，金额为（大写）_______元，（小写）_______元。
造价工程师______________
日　　期______________</td></tr>
<tr><td colspan="4">审核意见：
□不同意此项签证。
□同意此项签证，价款与本期进度款同期支付。
发包人（章）
发包人代表______________
日　　期______________</td></tr>
</table>

注：1. 在选择栏中的“□”内作标志“√”；

2. 本表一式四份，由承包人在收到发包人（监理人）的口头或书面通知后填写，发包人、监理人、造价咨询人、承包人各存一份。

表-12-8

规费、税金项目计价表

工程名称： 标段： 第 页 共 页

序号	项目名称	计算基础	计算基数	计算费率（%）	金额(元)
1	规费	定额人工费			
1.1	社会保险费	定额人工费			
(1)	养老保险费	定额人工费			
(2)	失业保险费	定额人工费			
(3)	医疗保险费	定额人工费			
(4)	工伤保险费	定额人工费			
(5)	生育保险费	定额人工费			
1.2	住房公积金	定额人工费			
1.3	工程排污费	按工程所在地环境保护部门收取标准，按实计入			
2	税金	分部分项工程费＋措施项目费＋其他项目费＋规费－按规定不计税的工程设备金额			
合计					

编制人（造价人员）： 复核人（造价工程师）：

表-13

工程计量申请（核准）表

工程名称：　　　　　　　　　　　　　　　　　　　　标段：　　　　　　　　　　　　　　　　第　页　共　页

序号	项目编码	项目名称	计量单位	承包人申报数量	发包人核实数量	发承包人确认数量	备注

承包人代表： 日期：	监理工程师： 日期：	造价工程师： 日期：	发包代表人： 日期：

表-14

预付款支付申请（核准）表

工程名称：　　　　　　　　　　　　标段：　　　　　　　　　　　　编号：

致：________________________________（发包人全称）

我方根据施工合同的约定，现申请支付工程预付款额为（大写）____________（小写____________），请予核准。

序号	名称	申请金额(元)	复核金额(元)	备注
1	已签约合同价款金额			
2	其中：安全文明施工费			
3	应支付的预付款			
4	应支付的安全文明施工费			
5	合计应支付的预付款			

承包人（章）

造价人员__________　　承包人代表__________　　日　期__________

复核意见：

□与合同约定不相符，修改意见见附件。

□与合同约定相符，具体金额由造价工程师复核。

监理工程师__________

日　　期__________

复核意见：

你方提出的支付申请经复核，应支付预付款金额为（大写）__________（小写__________）。

造价工程师__________

日　　期__________

审核意见：

□不同意。

□同意，支付时间为本表签发后的15天内。

发包人（章）

发包人代表__________

日　　期__________

注：1. 在选择栏中的“□”内做标识“√”。

2. 本表一式四份，由承包人填报，发包人、监理人、造价咨询人、承包人各存一份。

表-15

总价项目进度款支付分解表

工程名称：　　　　　　　　　　　　标段：　　　　　　　　　　　　单位：元

序号	项目名称	总价金额	首次支付	二次支付	三次支付	四次支付	五次支付	
	安全文明施工费							
	夜间施工增加费							
	二次搬运费							
	社会保险费							
	住房公积金							
合计								

编制人（造价人员）：　　　　　　　　　　　　　　　　　　复核人（造价工程师）：

注：1. 本表应由承包人在投标报价时根据发包人在招标文件明确的进度款支付周期与报价填写，签订合同时，发承包双方可就支付分解协商调整后作为合同附件。

2. 单价合同使用本表，“支付”栏时间应与单价项目进度款支付周期相同。

3. 总价合同使用本表，“支付”栏时间应与约定的工程计量周期相同。

表-16

进度款支付申请（核准）表

工程名称：　　　　　　　　　　　　　　标段：　　　　　　　　　　　　　　编号：

致：　　　　　　　　　　　　　　　　　　　　　　　　（发包人全称）

我方于＿＿＿＿至＿＿＿＿期间已完成了＿＿＿＿工作，根据施工合同的约定，现申请支付本周期的合同价款为（大写）＿＿＿＿＿＿，（小写）＿＿＿＿，请予核准。

序号	名称	实际金额(元)	申请金额(元)	复核金额(元)	备注
1	累计已完成的合同价款				
2	累计已实际支付的合同价款				
3	本周期合计完成的合同价款				
3.1	本周期已完成单价项目的金额				
3.2	本周期应支付的总价项目的金额				
3.3	本周期已完成的计日工价款				
3.4	本周期应支付的安全文明施工费				
3.5	本周期应增加的合同价款				
4	本周期合计应扣减的金额				
4.1	本周期应抵扣的预付款				
4.2	本周期应扣减的金额				
5	本周期应支付的合同价款				

附：上述3、4详见附件清单。

承包人（章）

造价人员＿＿＿＿＿＿＿承包人代表＿＿＿＿＿＿＿日期＿＿＿＿＿＿＿

复核意见：

□与实际施工情况不相符，修改意见见附件。

□与实际施工情况相符，具体金额由造价工程师复核。

监理工程师＿＿＿＿＿　　日　期＿＿＿＿＿

复核意见：

你方提出的支付申请经复核，本周期已完成合同价款（大写）＿＿＿＿，（小写＿＿＿＿），本周期应支付金额为（大写）＿＿＿＿，（小写＿＿＿＿）。

造价工程师＿＿＿＿＿　　日　期＿＿＿＿＿

审核意见：

□不同意。

□同意，支付时间为本表签发后的15天内。

发包人（章）

发包人代表＿＿＿＿＿＿＿

日　　期＿＿＿＿＿＿＿

注：1. 在选择栏中的“□”内作标识“√”。

2. 本表一式四份，由承包人填报，发包人、监理人、造价咨询人、承包人各存一份。

表-17

竣工结算款支付申请（核准）表

工程名称：　　　　　　　　　　　　标段：　　　　　　　　　　　　编号：

致：　　　　　　　　　　　　　　　　　　　　　　　（发包人全称）

我方于________至________期间已完成合同约定的工作，工程已经完工，根据施工合同的约定，现申请支付竣工结算合同款额为（大写）________________（小写____________），请予核准。

序号	名称	申请金额（元）	复核金额（元）	备注
1	竣工结算合同价款总额			
2	累计已实际支付的合同价款			
3	应预留的质量保证金			
4	应支付的竣工结算款金额			

承包人（章）

造价人员________________承包人代表________________日期________________

复核意见：

□与实际施工情况不相符，修改意见见附件。

□与实际施工情况相符，具体金额由造价工程师复核。

监理工程师____________

日　　期____________

复核意见：

你方提出的竣工结算款支付申请经复核，竣工结算款总额为（大写）________________，（小写________________），扣除前期支付以及质量保证金后应支付金额为（大写）________________，（小写________________）。

造价工程师____________

日　　期____________

审核意见：

□不同意。

□同意，支付时间为本表签发后的15天内。

发包人（章）

发包人代表________________

日　　期________________

注：1. 在选择栏中的“□”内做标识“√”。

2. 本表一式四份，由承包人填报，发包人、监理人、造价咨询人、承包人各存一份。

表-18

最终结清支付申请（核准）表

工程名称：　　　　　　　　　　　　　　标段：　　　　　　　　　　　　　　编号：

致：　　　　　　　　　　　　　　　　　　　　（发包人全称）

我方于________至________期间已完成了缺陷修复工作，根据施工合同的约定，现申请支付最终结清合同款额为（大写）________________（小写________），请予核准。

序号	名　称	申请金额（元）	复核金额（元）	备注
1	已预留的质量保证金			
2	应增加因发包人原因造成缺陷的修复金额			
3	应扣减承包人不修复缺陷、发包人组织修复的金额			
4	最终应支付的合同价款			

上述 3、4 详见附件清单

承包人（章）

造价人员________________承包人代表________________日期________________

复核意见：

□与实际施工情况不相符，修改意见见附件。

□与实际施工情况相符，具体金额由造价工程师复核。

监理工程师________________

日　　期________________

复核意见：

你方提出的支付申请经复核，最终应支付金额为（大写）________________，（小写________________）。

造价工程师________________

日　　期________________

审核意见：

□不同意。

□同意，支付时间为本表签发后的 15 天内。

发包人（章）

发包人代表________________

日　　期________________

注：1. 在选择栏中的“□”内做标识“√”。如监理人已退场，监理工程师栏可空缺。

2. 本表一式四份，由承包人填报，发包人、监理人、造价咨询人、承包人各存一份。

表-19

发包人提供材料和工程设备一览表

工程名称：　　　　　　　　　　　　　　标段：　　　　　　　　　　　　　　第　页　共　页

序号	材料（工程设备）名称、规格、型号	单位	数量	单价（元）	交货方式	送达地点	备注

注：此表由招标人填写，供投标人在投标报价、确定总承包服务费时参考。

表-20

承包人提供主要材料和工程设备一览表

（适用于造价信息差额调整法）

工程名称： 标段： 第 页 共 页

序号	名称、规格、型号	单位	数量	风险系数（%）	基准单价（元）	投标单价（元）	发承包人确认单价（元）	备注

注：1. 此表由招标人填写除“投标单价”栏的内容，投标人在投标时自主确定投标单价。

2. 招标人应优先采用工程造价管理机构发布的单价作为基准单价，未发布的，通过市场调查确定其基准单价。

表-21

承包人提供主要材料和工程设备一览表

（适用于价格指数差额调整法）

工程名称： 标段： 第 页 共 页

序号	名称、规格、型号	变值权重 B	基本价格指数 F_0	现行价格指数 F_t	备注
	定值权重 A		—	—	
合计		1	—	—	

注：1.“名称、规格、型号”、“基本价格指数”栏由招标人填写，基本价格指数应首先采用工程造价管理机构发布的价格指数，没有时，可采用发布的价格代替。如人工、机械费也采用本法调整，由招标人在“名称”栏填写。

2.“变值权重”栏由投标人根据该项人工、机械费和材料、工程设备价值在投标总报价中所占的比例填写，1减去其比例为定值权重。

3.“现行价格指数”按约定的付款证书相关周期最后一天的前42天的各项价格指数填写，该指数应首先采用工程造价管理机构发布的价格指数，没有时，可采用发布的价格代替。

表-22

4.2 水暖工程工程量清单计价的编制实例

（1）工程量清单封面由招标人或招标人委托的工程造价咨询人编制工程量清单时填写，具体如下：

<u>××住宅楼采暖及给水排水安装</u> 工程

招 标 工 程 量 清 单

招标人：<u>×××</u>

（单位盖章）

造价咨询人：<u>×××</u>

（单位盖章）

2013 年 7 月 5 日

封-1

××住宅楼采暖及给水排水安装 工程

招 标 工 程 量 清 单

招标人：×××
（单位盖章）

造价咨询人：×××
（单位盖章）

法定代表人
或其授权人：×××
（签字或盖章）

法定代表人
或其授权人：×××
（签字或盖章）

编制人：×××
（造价人员签字盖专用章）

复核人：×××
（造价工程师签字盖专用章）

编制时间：2013 年 7 月 5 日

复核时间：2013 年 8 月 1 日

扉-1

（2）工程量清单总说明见表 4-1。

总说明 **表 4-1**

工程名称：××住宅楼采暖及给水排水安装工程 第 页 共 页

1. 工程批准文号。
2. 建设规模。
3. 计划工期。
4. 资金来源。
5. 施工现场特点。
6. 交通质量要求。
7. 交通条件。
8. 环境保护要求。
9. 主要技术特征和参数。
10. 工程量清单编制依据。
11. 其他。

表-01

(3) 分部分项工程量清单填写见表4-2。

分部分项工程量清单与计价表 **表4-2**

工程名称：××住宅楼采暖及给水排水安装工程 标段： 第 页 共 页

序号	项目编码	项目名称	项目特征描述	计量单位	工程量	金额(元)		
						综合单价	合价	其中 暂估价
			Ⅰ.采暖工程					
1	031001002001	钢管	*DN*15，室内焊接钢管安装螺纹连接，手工除锈，刷1次防锈漆，2次银粉漆，镀锌薄钢板套管	m	1330.00			
2	031001002002	钢管	*DN*20，室内焊接钢管安装螺纹连接，手工除锈，刷1次防锈漆，2次银粉漆，镀锌薄钢板套管	m	1860.00			
3	031001002003	钢管	*DN*25，室内焊接钢管安装螺纹连接，手工除锈，刷1次防锈漆，2次银粉漆，镀锌薄钢板套管	m	1035.00			
4	031001002004	钢管	*DN*32，室内焊接钢管安装螺纹连接，手工除锈，刷1次防锈漆，2次银粉漆，镀锌薄钢板套管	m	100.00			
5	031001002005	钢管	*DN*40，室内焊接钢管安装和手工电弧焊，手工除锈，刷2次防锈漆，玻璃布保护层，刷2次调和漆，钢套管	m	125.00			
6	031001002006	钢管	*DN*50，室内焊接钢管安装和手工电弧焊，手工除锈，刷2次防锈漆，玻璃布保护层，刷2次调和漆，钢套管	m	235.00			
7	031001002007	钢管	*DN*70，室内焊接钢管安装和手工电弧焊，手工除锈，刷2次防锈漆，玻璃布保护层，刷2次调和漆，钢套管	m	185.00			
8	031001002008	钢管	*DN*80，室内焊接钢管安装和手工电弧焊，手工除锈，刷2次防锈漆，玻璃布保护层，刷2次调和漆，钢套管	m	100.00			

续表

序号	项目编码	项目名称	项目特征描述	计量单位	工程量	金额(元)		
						综合单价	合价	其中 暂估价
9	031001002009	钢管	DN100,室内焊接钢管安装和手工电弧焊,手工除锈,刷2次防锈漆,玻璃布保护层,刷2次调和漆,钢套管	m	75.00			
10	031003001001	螺纹阀门	阀门安装,螺纹连接J11T-16-15	个	85			
11	031003001002	螺纹阀门	阀门安装,螺纹连接J11T-16-20	个	78			
12	031003001003	螺纹阀门	阀门安装,螺纹连接J11T-16-25	个	54			
13	031003003001	焊接法兰阀门	法兰阀门安装J11T-16-100	个	7			
14	031005001001	铸铁散热器	铸铁散热器安装柱形813,手工除锈,刷1次防锈漆,2次银粉漆	片	5390			
15	031002001001	管道支架制作安装	手工除锈,1次防锈漆,2次调和漆	kg	1210.00			
16	031009001001	采暖系统调整		系统	1			
		分部小计						
		Ⅱ.给水排水工程						
17	031001001001	镀锌钢管	DN80,室内给水,螺纹连接	m	4.50			
18	031001001002	镀锌钢管	DN70,室内给水,螺纹连接	m	21.00			
19	031001006001	塑料管	DN110,室内排水,零件粘接	m	45.80			
20	031001006002	塑料管	DN75,室内排水,零件粘接	m	0.60			
21	031001007001	塑料复合管	DN40,室内给水,螺纹连接	m	23.80			
22	031001007002	塑料复合管	DN20,室内给水,螺纹连接	m	14.80			
23	031001007003	塑料复合管	DN15,室内给水,螺纹连接	m	4.80			
24	031002001002	管道支架制作安装		kg	5.00			
25	031003013001	水表	水表安装DN20	组	1			

续表

序号	项目编码	项目名称	项目特征描述	计量单位	工程量	金额(元)		
						综合单价	合价	其中
								暂估价
26	031004003001	洗脸盆	陶瓷	组	4			
27	031004010001	沐浴器		组	1			
28	031004006001	大便器		套	6			
29	031004014001	排水栓	排水栓安装 *DN*50	组	1			
30	031004014002	水龙头	铜 *DN*15	个	5			
31	031004014003	地漏	铸铁 *DN*10	个	4			
32	031004014004	消火栓	室外	套	1			
33	031004014005	消火栓	室内	套	4			
		分部小计						
		合计						

表-08

(4) 通用措施项目一览表见表 4-3。

通用措施项目一览表 **表 4-3**

序号	项 目 名 称
1	安全文明施工(含环境保护、文明施工、安全施工、临时设施)
2	夜间施工
3	二次搬运
4	冬雨期施工
5	大型机械设备进出场及安拆
6	施工排水
7	施工降水
8	地上、地下设施,建筑物的临时保护设施
9	已完工程及设备保护

(5) 措施项目清单与计价表填写见表 4-4 和表 4-5。

措施项目清单与计价表(一) **表 4-4**

工程名称:××住宅楼采暖及给水排水安装工程 标段: 第 页 共 页

序号	项目编码	项目名称	计算基础	费率(%)	金额(元)	调整费率(%)	调整后金额(元)	备注
1		安全文明施工费						
2		夜间施工增加费						
3		二次搬运费						
4		冬雨期施工增加费						
5		已完工程及设备保护费						
合计								

编制人(造价人员): 复核人(造价工程师):

表-11

措施项目清单与计价表（二） **表 4-5**

工程名称：××住宅楼采暖及给水排水安装工程　标段：　　　　第　页　共　页

序号	项目编码	项目名称	项目特征描述	计算单位	工程量	金额(元)		
						综合单价	合价	其中
								暂估价
1	CH001	脚手架搭拆费		m^2	40.00			
		（其他略）						
本页小计								
合计								

表-08

（6）其他项目清单填写见表 4-6～表 4-9。

其他项目清单与计价汇总表 **表 4-6**

工程名称：××住宅楼采暖及给水排水安装工程　　标段：　　　　第　页　共　页

序号	项目名称	金额(元)	结算金额(元)	备注
1	暂列金额	12000.00		明细见表 4-7
2	暂估价			
2.1	材料(工程设备)暂估价/结算价			明细见表 4-8
2.2	专业工程暂估价/结算价			
3	计日工			明细见表 4-9
4	总承包服务费			
5	索赔与现场签证			
合计				—

表-12

暂列金额明细表 **表 4-7**

工程名称：××住宅楼采暖及给水排水安装工程　　标段：　　　　第　页　共　页

序号	项目名称	计量单位	暂列金额(元)	备注
1	政策性调整和材料价格风险	项	8000.00	
2	其他	项	4000.00	
合计			12000.00	

表-12-1

材料（工程设备）暂估单价及调整表 表 4-8

工程名称：××住宅楼采暖及给水排水安装工程　　标段：

第　页　共　页

序号	材料(工程设备)名称、规格、型号	计量单位	数量		暂估价(元)		确认价(元)		差额±(元)		备注
			暂估	确认	单价	合价	单价	合价	单价	合价	
1	焊接钢管	t			3680.00						
2	散热器 813	片			10.65						
	其他：(略)										
合计											

表-12-2

计日工表 表 4-9

工程名称：××住宅楼采暖及给水排水安装工程　　标段：　　第　页　共　页

编号	项目名称	单位	暂定数量	实际数量	综合单价(元)	合价(元)	
						暂定	实际
一	人工						
1	管道工	工时	110				
2	电焊工	工时	50				
3	其他工种	工时	50				
人工小计							
二	材料						
1	电焊条	kg	13.00				
2	氧气	m^3	20.00				
3	乙炔条	kg	95.00				
材料小计							
三	施工机械						
1	直流电焊机 20kW	台班	45				
2	汽车起重机	台班	40				
3	载重汽车 8t	台班	40				
施工机械小计							
四、企业管理费和利润							
总计							

表-12-4

（7）规费、税金项目清单填写见表4-10。

规费、税金项目清单与计价表 **表4-10**

工程名称：××住宅楼采暖及给水排水安装工程　　标段：　　第　页　共　页

序号	项目名称	计算基础	计算基数	计算费率（%）	金额（元）
1	规费	定额人工费			
1.1	社会保险费	定额人工费			
(1)	养老保险费	定额人工费			
(2)	失业保险费	定额人工费			
(3)	医疗保险费	定额人工费			
(4)	工伤保险费	定额人工费			
(5)	生育保险费	定额人工费			
1.2	住房公积金	定额人工费			
1.3	工程排污费	按工程所在地环境保护部门收取标准，按实入			
2	税金	分部分项工程费＋措施项目费＋其他项目费＋规费－按规定不计税的工程设备金额			
合计					

编制人（造价人员）：　　复核人（造价工程师）：

表-13

5　水暖工程清单计价模式下工程招标

5.1　工程招标概述

5.1.1　工程招标的概念

招标是招标人订立建设工程合同的准备活动，即招标人就拟建设的工程项目发出要约邀请，对应邀请参与竞争的承包（供应）商进行审查、评选，并择优作出承诺，从而确定工程项目建设承包商的活动。

5.1.2　工程招标的基本条件

1. 招标人必须具备的条件

招标人是建设工程招标投标活动中起主导作用的一方当事人，指作为建设工程投资责任者的法人或者依法成立的其他组织和个人。通俗讲也就是工程项目的发包人和个人。

建设工程招标人必须具备下列条件：

（1）必须具备民事主体资格。招标人必须是具备民事主体资格的法人、自然人或其他组织。

（2）招标人自行办理招标，必须具备以下条件：

1）有与工程规模、技术复杂程度相适应，并具有同类工程招标经验，熟悉有关招标法律法规的工程技术、工程造价以及工程管理的专业人员。

2）有编制招标文件的能力。

3）有审查招标人资质的能力。

4）有组织开标、评标、定标的能力。

（3）不具备招标评标组织能力的招标人，应当委托具有相应资格的工程招标代理机构代理招标。

（4）办理招标备案手续。招标人自行办理招标或委托代理招标，均需在发布招标公告（或投标邀请书）的 5 日前向工程所在地县级以上建设行政主管部门备案，并报送以下材料：

1）按照国家规定办理审批手续的各项批准文件。包括主项、土地、规划、资金落实、工程招标等文件资料。

2）招标项目工作人员资格的证明材料，包括专业技术人员的名单及其职务证书或执业资格证书，以及工作经验的证明材料；或招标代理合同。

3）法律法规和规章规定的其他材料。

2. 工程招标代理机构的资格条件

工程招标代理机构资格包括甲、乙两个等级，认定要点为：

（1）申请工程招标代理机构资格的单位应当具备下列基本条件：

1）是依法设立的中介组织，具有独立法人资格。

2）与行政机关和其他国家机关没有行政隶属关系或其他利益关系。

3）有固定的营业场所和开展工程招标代理业务所需设施及办公条件。

4）有健全的组织机构和内部管理的规章制度。

5）有编制招标文件和组织评标的相应人员和专业力量。

6）有可以作为评标委员会成员人选的技术、经济等方面的专家库。

7）法律、行政法规规定的其他条件。

（2）甲级招标代理机构资格由省级建设行政主管部门初审，报建设部认定。除应符合上述（1）的条件外，还应当具备下列条件：

1）取得乙级工程招标代理资格满3年。

2）近3年内累计工程招标代理中标金额在16亿元人民币以上（以中标通知书为依据，下同）。

3）具有中级以上职称的工程招标代理机构专职人员不少于20人，其中具有工程建设类注册执业资格人员不少于10人（其中注册造价工程师不少于5人），从事工程招标代理业务3年以上的人员不少于10人。

4）技术经济负责人为本机构专职人员，具有10年以上从事工程管理的经验，具有高级技术经济职称和工程建设类注册执业资格。

5）注册资本金不少于200万元。

（3）乙级工程招标代理机构只能承担工程投资额（不包括征地费、大市政配套费和拆迁补偿费）1亿元以下的工程招标代理业务。乙级招标代理机构资格由省级建设行政主管部门认定，报建设部备案。除应符合上述（1）的条件外，还应当具备下列条件：

1）取得暂定级工程招标代理资格满1年。

2）近3年内累计工程招标代理中标金额在8亿元人民币以上。

3）具有中级以上职称的工程招标代理机构专职人员不少于12人，其中具有工程建设类注册执业资格人员不少于6人（其中注册造价工程师不少于3人），从事工程招标代理业务3年以上的人员不少于6人。

4）技术经济负责人为本机构专职人员，具有8年以上从事工程管理的经历，具有高级技术经济职称和工程建设类注册执业资格。

5）注册资本金不少于100万元。

（4）新成立的工程招标代理机构的业绩未能满足上述条件的，建设部可以根据市场需要设定暂定资格。新设立的工程招标代理机构符合（1）所述条件和（3）中的3）、4）、5）项的条件，可以申请暂定级工程招标代理资格。

（5）招标代理机构在其资格许可和招标人委托的范围内开展代理业务，任何企业和个人不得非法干涉。

招标代理机构应当遵守招标投标法和《中华人民共和国招标投标法实施条例》关于招标人的规定。其不得在所代理的招标项目中投标或者代理投标，也不得为所代理的招标项目的投标人提供咨询。

招标代理机构不得涂改、出租、出借、转让资格证书。

3. 招标工程应当具备的条件

（1）已经履行审批手续。按照国家有关规定需履行项目审批手续的，已经履行审批手续。一般包括下列内容：

1）立项批准文件和固定资产投资许可证。

2）已经办理该建设工程用地批准手续。

3）已经取得规划许可证。

（2）工程建设资金或者资金来源已经落实。

（3）有满足施工招标需要的设计文件以及其他技术资料。

（4）法律法规和规章规定的其他条件。

5.1.3 工程招标投标的基本原则

根据《中华人民共和国招标投标法》规定，工程招标投标应遵循下列基本原则：

（1）公开原则

即要求招标投标活动具有高度的透明性，招标信息、招标程序必须公开，也就是必须做到招标通告公开发布，开标程序公开进行，公开通知中标结果，使每一个投标人获得同等的信息，在信息量相等的条件下进行公平竞争。

（2）公平原则

即给予所有投标人以完全平等的机会，使每一个投标人享有同等的权利并承担同等的义务，招标文件和招标程序不得含有任何对某一方歧视的要求或规定。

（3）公正原则

即要求在选定中标人的过程中，评标机构的组成必须避免任何倾向性，评标标准必须完全一致。

（4）诚实信用原则

也称诚信原则，即要求招标投标当事人应以诚实、守信的态度行使权利，履行义务，以维护双方的利益平衡及自身利益和社会利益的平衡。双方当事人都必须以尊重自身利益的同等态度尊重对方利益，同时必须保证自己的行为不损害第三方利益和国家、社会的公共利益。《中华人民共和国招标投标法》规定应该实行招标的项目不得规避招标，招标人和投标人不得有串通投标、泄露标底、骗取中标、非法转包等行为。

5.1.4 推行招标投标制度的意义

（1）有利于规范建筑市场主体的行为，促进合格市场主体的形成。

（2）有利于价格真实反映市场供求状况，真正显示企业的实际消耗和工作效率，使实力强、素质高、经营好的承包商的产品更具竞争力，进而实现资源的优化配置。

（3）有利于促使承包商不断提高企业的管理水平。激烈的市场竞争，迫使承包商努力降低成本，提高质量，缩短工期，这就要求承包商增加实力，进一步提高市场竞争力。

（4）有利于促进市场经济体制的进一步完善。

（5）有利于促进我国建筑业与国际接轨。

5.2 工程招标范围与方式

5.2.1 工程招标的范围

1. 必须进行招标的项目范围

达到下列标准之一的建设活动，必须进行招标：

（1）施工单项合同估算价在200万元人民币以上。

（2）重要的设备、材料等货物采购，单项合同估算价在100万元人民币以上。

（3）勘察、设计、监理等服务的采购，单项合同在50万元人民币以上。

为防止将应该招标的工程项目化整为零规避招标，即使单项合同估算价低于上述三项的标准，但项目总投资在3000万元人民币以上的勘察、设计、施工、监理以及与建设工程有关的重要设备、材料等的采购，也必须采用招标方式委托工作任务。

2. 可以不进行招标的项目范围

（1）涉及国家安全，国家秘密的工程。

（2）抢险救灾工程。

（3）利用扶贫资金实行以工代赈，需要使用农民工等特殊情况。

（4）需要采用不可替代的专利或者专有技术。

（5）采购人依法能够自行建设、生产或者提供。

（6）已通过招标方式选定的特许经营项目投资人依法能够自行建设、生产或者提供。

（7）需要向原中标人采购工程、货物或者服务，否则将影响施工或者功能配套要求。

（8）国家规定的其他特殊情形。

5.2.2 工程招标方式

1. 公开招标

公开招标又称开放型招标，是一种无限竞争性招标。招标人利用报刊、电台、网站，通过刊载、广播、传播等方式，公开发布招标公告，宣布招标项目的内容和要求。各承包企业不受地区限制，机会均等。凡有投标意向的承包商均可参加投标资格预审，审查合格的承包商都有权利购买招标文件，参加投标活动。招标人则可在众多的承包商中优选出合意的施工承包商为中标单位。

《中华人民共和国招标投标法实施条例》规定，国有资金占控股或者主导地位的依法必须进行招标的项目，应当公开招标。通常投资额度大、工艺或结构复杂的较大型建设项目，实行公开招标比较合适。

2. 邀请招标

邀请招标又称有限竞争性招标、选择性招标，招标人根据工程特点，有选择地邀请若干个具有承包该项工程能力的承包人前来投标，是一种有限竞争性招标。它是招标人根据见闻、经验和情报资料而获得这些承包商的能力、资信状况，加以选择后，以发投标邀请书来进行的。邀请招标同样需进行资格预审等程序，经过评审标书择优选定中标人，并发出中标通知书。一般邀请5～10家承包商参加投标，最少不得少于3家。

《中华人民共和国招标投标法实施条例》规定，有下列情形之一的，可以邀请招标：

（1）技术复杂、有特殊要求或者受自然环境限制，只有少量潜在投标人可供选择。

（2）采用公开招标方式的费用占项目合同金额的比例过大。

这种招标方式，目标明确，经过选定的投标人，在施工技术、施工经验和信誉上都比较可靠，基本上能保证工程质量和进度。邀请招标整个组织管理工作比公开招标相对简单一些，但前提是对承包商充分了解，同时，报价也可能高于公开招标方式。

3. 议标

议标又称非竞争性招标或称指定性招标，是发包人邀请不少于两家（含两家）的承包商，通过直接协商谈判选择承包商的招标方式。

有人说议标不是招标的一种形式，招标投标法也未对这种交易方式进行规范。但有一点能肯定的是议标不同于直接发包。从形式上看，直接发包没有“标”，而议标是有“标”的。议标招标人事先须编制议标招标文件，有时还要有标底，议标投标人也须有议标投标文件。议标在程序上也是有规范做法的。实际上，无论是国内还是国际，议标还是在一定范围内存在的，各地的招标投标管理机构还是把议标纳入管理范围的。依法必须招标的建设项目，采用议标方式招标必须经招标投标管理机构审批。议标的文件、程序和中标结果也须经招标投标管理机构审查。

5.3 工程招标程序

工程项目施工招标程序，是指工程项目招标活动按照一定的时间和空间应遵循的先后顺序，是以招标人和其代理人为主进行的有关招标的活动程序。

公开招标的程序：建设工程项目报建→审查招标人资质→招标申请→招标文件编制与报审→刊登资格预审通告、招标公告→资格预审→工程标底的编制与报审→发售招标文件→现场踏勘→投标预备会→投标文件的编制与送交→开标→评标→定标→中标通知→合同签订。

工程项目招标程序主要分为三个阶段，即招标准备阶段、招标投标阶段、定标签约阶段。

5.3.1 招标准备阶段

在招标准备阶段，招标人或招标代理人应当完成项目审批手续，落实所需的资金，编制与招标有关的文件，并履行招标文件备案手续。

1. 落实招标项目应当具备的条件

（1）履行项目审批手续

招标项目按照国家有关规定需要履行项目审批手续的，应当履行审批手续，并取得批准。

建设工程项目获得立项批准文件或者列入国家投资计划后，应按规定到工程所在地的建设行政主管部门办理工程报建手续。报建时应当交验的资料主要包括：立项批准文件（概算批准文件、年度投资计划）、固定资产投资许可证、建设工程规划许可证、资金证明文件等。

（2）资金落实

招标人应当有进行招标项目的相应资金或者资金来源已经落实，并在招标文件中写明。

2. 选择招标方式

应依据招标人的条件和招标工程的特点做好下列工作：

（1）确定自行办理招标事宜或是委托招标代理

确定自行办理招标事宜的要依法办理备案手续。委托招标代理的应当选择具有相应资质的代理机构办理招标事宜，并在签订委托代理合同后的法定时间内到建设行政主管部门备案。目前招标代理的选择也按照相关规定进行招标。

（2）确定发包范围、招标次数以及每次的招标内容

发包范围根据工程特点和发包人的管理能力确定。对于场地集中、工程量不大、技术上不复杂的工程宜实行一次招标，其余可考虑分段招标。实行分段招标的工程，要求发包人有较强的管理能力。现场各承包商所需的生活基地、材料堆场、交通运输等需要进行安排和协调，要做好工程进度的各项衔接工作。

（3）选择合同计价方式

招标人应在招标文件中明确规定合同的计价方式，计价方式主要包括固定总价合同、单价合同和成本加酬金合同三种，同时规定合同价的调整范围和调整方法。

（4）确定招标方式

招标人应当依法选定公开招标或邀请招标方式。

3. 编制招标有关文件和标底

（1）编制招标有关文件

招标有关文件包括资格审查文件、招标公告、招标文件、合同协议条款、评标办法等。这些文件都应采用工程所在地通用的格式文件编制。

（2）编制标底

标底是招标人编制（含委托他人编制）的招标项目的预期价格。在设立标底的招标投标过程中，它是一个十分敏感的指标。编制标底时，首先要保证其准确，应由具备资格的机构和人员按照国家规定的技术经济标准定额以及规范编制。其次要做好保密工作，对于泄露标底的有关人员应追究其法律责任。为了防止泄露标底，某些地区规定投标截止后编制标底。一个招标工程只能编制一个标底。

4. 办理招标备案手续

依据法律法规的规定，招标人将招标文件报建设行政主管部门备案，接受建设行政主管部门依法实施的监督。建设行政主管部门在审查招标人的资格、招标工程的条件和招标文件等的过程中，若发现有违反法律法规的内容，应当责令招标人改正。

5.3.2 招标投标阶段

在招标投标阶段，招标投标双方分别或共同做好以下工作：

1. 招标人发布招标公告或发出投标邀请书

采用公开招标的工程项目，招标人要在报纸、杂志、电视、广播等大众媒体或工程交易中心公告栏上发布招标公告，邀请所有愿意参加工程投标的不特定的承包商申请投标资

格审查或申请投标。实行邀请招标的工程项目应向 3 家以上符合资质条件的、资信良好的承包商发出投标邀请书，邀请他们参加投标。

招标公告或投标邀请书应写明招标人的名称和地址，招标工程的性质、规模、地点及获取招标文件的办法等事项。

2. 资格审查

招标人或招标代理机构可以根据招标项目自身的要求，对潜在的投标人进行资格审查。资格审查有资格预审和资格后审两种。资格预审是招标人或招标代理机构在发放招标文件前，对报名参加投标的承包商的承包能力、业绩、资格和资质、注册建造师、纳税、财物状况和信誉等进行审查，并确定合格的投标人名单；资格后审是在开标后由评标委员会依招标文件规定的标准和方法对投标人的资格进行审查。两种资格审查的内容基本相同。一般公开招标采用资格预审方法，邀请招标采用资格后审方法。

（1）资格预审文件

资格预审评审标准（见表 5-1 和表 5-2）。表中反映投标申请单位的合同工程营业收入、净资产和在建工程未完成部分合同金额，供招标人对投标申请单位的财务状况进行评价。投标申请单位必须满足必要的合格条件标准（表 5-1）和一定比例的附加合格条件标准（表 5-2），才能通过资格预审。

资格预审必要的合格条件标准　　表 5-1

序号	项目内容	合格条件	投标申请人具备的条件或说明
1	有效营业执照		
2	资质等级证书	____工程施工____承包____级以上或同等资质等级	
3	财务状况	开户银行资信证明和符合要求的财务表，AAA 级资信评估证书	
4	流动资金	有合同总价____%以上的流动资金可投入本工程	
5	固定资产	不少于______（币种，金额，单位）	
6	净资产总值	不小于在建工程未完合同额与本工程合同总价之和的____%	
7	履约情况	有无因投标申请人违约或不恰当履约引起的合同中止、纠纷、争议、仲裁和诉讼记录	
8	分包情况	符合《中华人民共和国建筑法》和《中华人民共和国招标投标法》的规定	
9			
10			

资格预审附加合格条件标准　　表 5-2

序　　号	附加合格条件项目	附加合格条件内容	投标申请人具备的条件或说明

实行资格预审的招标工程，招标人应当在招标公告或投标邀请书中载明资格预审的条件和获取资格预审文件的办法。资格预审文件一般包括以下几部分：

1）资格预审申请书。资格预审申请书应当采用工程所在地招标投标管理部门编制的格式文本。

2）资格预审须知。资格预审须知包括工程概况、资金来源、投标资格和合格条件要求，对联营体的要求、分包的规定、资格预审文件递送的时间和地点等，同时要求申请人提供的企业资质、业绩、技术装备、财务状况和拟派出的项目经理及主要技术人员的简历、业绩等证明材料。

3）资格预审合格通知书。资格预审合格通知书包括确定投标报名人具备投标资格、领取招标文件的时间和地点、投标保证金的形式和额度、投标截止时间、开标时间和地点等。

招标人应及时向申请人发出资格预审结果通知书。未通过预审的申请人不能参与投标。若通过资格预审的申请人少于3个，需重新招标。

（2）资格预审的方法

1）投标合格条件。投标合格条件包括必要合格条件和附加合格条件。

① 必要合格条件包括：

a. 营业执照。准许承接业务的范围符合招标工程的要求。

b. 资质等级。达到或超过招标工程的技术要求。

c. 财务状况和流动资金。资金信用良好。

d. 以往履约情况。无毁约或被驱逐的历史。

e. 分包计划合法。

② 附加合格条件。对于大型复杂工程或有特殊专业技术要求的项目，资格审查可以设立合格条件。如要求投标人具有同类工程的建设经验和能力，对主要管理人员和专业技术人员的要求，针对工程所需的特别措施或工艺的专长、环境保护方针和保证体系等。

2）确定合格投标人名单的方法。确定合格投标人名单通常采取下列方法：

① 综合评议法。即通过专家评议，把符合投标合格条件的投标人名称全部列入合格投标人名单，淘汰所有不符合投标条件的投标人。

② 加权评分量化审查法。即对必要合格条件和附加合格条件所列的资格审查的项目确定加权系数，并用这些条件评价投标申请人，计算出每个投标申请人的审查总分，按总分从高到低的次序将投标申请人排序，取前 n 名为合格投标人。

③ 对工程项目较大，投标人数量较多的项目，在资格预审后都符合投标条件的情况下，也可用摇珠的方式，选择 n 家入围，确定投标人名单。

（3）招标人不得以不合理的条件限制、排斥潜在投标人或者投标人。如下列行为：

1）就同一招标项目向潜在投标人或者投标人提供有差别的项目信息。

2）设定的资格、技术、商务条件与招标项目的具体特点和实际需要不相适应或者与合同履行无关。

3）依法必须进行招标的项目以特定行政区域或者特定行业的业绩、奖项作为加分条件或者中标条件。

4）对潜在投标人或者投标人采取不同的资格审查或者评标标准。

5）限定或者指定特定的专利、商标、品牌、原产地或者供应商。

6）依法必须进行招标的项目非法限定潜在投标人或者投标人的所有制形式或者组织形式。

7）以其他不合理条件限制、排斥潜在投标人或者投标人。

3. 发放招标文件

招标人或招标代理机构按照资格预审确定的合格投标人名单或者投标邀请书发放招标文件。

招标人可以对已发出的资格预审文件或者招标文件进行必要的澄清或修改。澄清或修改的内容可能影响资格预审申请文件或者投标文件编制的，招标人应当在提交资格预审申请文件截止时间至少3日前，或者投标截止时间至少15日前，以书面形式通知所有获取资格预审文件或者招标文件的潜在投标人；不足3日或者15日的，招标人应当顺延提交资格预审申请文件或者投标文件的截止时间。

潜在投标人或者其他利害关系人对资格预审文件有异议的，应当在提交资格预审申请文件截止时间2日前提出；对招标文件有异议的，应当在投标截止时间10日前提出。招标人应当自收到异议之日起3日内作出答复；作出答复前，应当暂停招标投标活动。

另外，招标人编制的资格预审文件、招标文件的内容违反法律、行政法规的强制性规定，违反公开、公平、公正和诚实信用原则，影响资格预审结果或者潜在投标人投标的，依法必须进行招标项目的招标人应当在修改资格预审文件或者招标文件后重新招标。

招标人应当在招标文件中载明投标有效期。有效期从提交投标文件的截止之日起算。招标人发放招标文件可以收取工本费，对其中的设计文件可以收取押金，宣布中标人后收回设计文件并退还押金。

招标人若终止招标，应当及时发布公告，或者以书面形式通知被邀请的或者已经获取资格预审文件、招标文件的潜在投标人。已经发售资格预审文件、招标文件或者已经收取投标保证金的，招标人应当及时退还所收取的资格预审文件、招标文件的费用，以及所收取的投标保证金及银行同期存款利息。

4. 现场勘察

招标人应当组织投标人进行现场勘察，了解工程场地和周围环境情况，收集有关信息，使投标人能结合现场提出合理的报价。但招标人不得组织单个或者部分潜在投标人踏勘项目现场。现场勘察可安排在招标预备会议前进行，以便在会上解答现场勘察中提出的疑问。

现场勘察时招标人需介绍以下情况：

(1) 现场是否已经达到招标文件规定的条件。

(2) 现场的自然条件。包括地形地貌、水文地质、土质、地下水位及气温、风、雨、雪等气候条件。

(3) 工程建设条件。工程性质和标段、可提供的施工临时用地和临时设施、料场开采、污水排放、通信、交通、电力、水源等条件。

(4) 现场的生活条件和工地附近的治安情况等。

5. 标前会议

标前会议，也叫招标预备会、答疑会，主要用来澄清招标文件中的疑问，解答投标人提出的有关招标文件和现场勘察的问题。

(1) 投标人有关招标文件和现场勘察的疑问，应在招标预备会议前以书面形式提出。

（2）对于投标人有关招标文件的疑问，招标人只能采取会议形式公开答复，不可私下单独作解释。

（3）标前会议应当形成书面的会议纪要，并送达每一个投标人。它与招标文件具有同等的效力。

5.3.3 定标签约阶段

定标签约阶段包括开标、评标、定标、签约四项工作。

1. 开标

工程开标指招标人在规定的时间和地点，在要求投标人参加的情况下，当众拆开资料（包括投标函件），宣布各投标人的名称、投标报价、工期等情况的过程。

开标会是招标投标工作中一个重要的法定程序。会上将公开各投标单位标书、当众宣布标底、宣布评定方法等，这表明招标投标工作进入一个新的阶段。

但投标人少于3个的，不得开标；招标人应当重新招标。投标人对开标有异议的，应当在开标现场提出，招标人应当当场作出答复，并制作记录。

2. 评标

评标指招标人根据招标文件的要求，对投标人所报送的投标资料进行审查，对工程施工组织设计、报价、质量、工期等条件进行分析和评比的过程。

评标根据招标文件确定的标准和方法，对每个投标人的标书进行评价比较，以便最终确定中标人。评标是招标投标的核心工作。投标的目的就是为了中标，而决定目标能否实现的关键是评标。

（1）经评审的最低投标价法

该法一般适用于具有通用技术、性能标准或招标人对其技术、性能没有特殊要求的招标项目。采用这种评标方法，评标委员会应当根据招标文件中规定的评标价格调整方法，对所有投标人的投标报价及投标文件的商务部分作必要的价格调整。根据经评审的最低投标价法，能够满足招标文件的实质性要求，并且经评审的最低投标价的投标，应当推荐为中标候选人。中标人的投标应当符合招标文件规定的技术要求和标准，但评标委员会无需对投标文件的技术部分进行价格折算。经评审的最低投标价法完成详细评审后，评标委员会应当拟定一份“标价比较表”，连同书面评标报告提交招标人。“标价比较表”应当载明投标人的投标报价、对商务偏差的价格调整和说明及经评审的最终投标价。

（2）综合评估法

不宜采用经评审的最低投标价法的招标项目，通常应采取综合评估法进行评审。根据综合评估法，最大限度地满足招标文件中规定的各项综合评价标准的投标，应当推荐为中标候选人。衡量投标文件是否能最大限度地满足招标文件中规定的各项评价标准，可采取折算为货币的方法、打分的方法或者其他方法。需量化的因素及其权重应当在招标文件中明确规定。评标委员会对各个评审因素进行量化时，应将量化指标建立在同一基础或者同一标准上，使各投标文件具有可比性。对技术部分和商务部分进行量化后，评标委员会应当对这两部分的量化结果进行加权，计算出每一投标的综合评估价或者综合评估分。根据综合评估法完成评标之后，评标委员会应当拟定一份“综合评估比较表”，连同书面评标报告提交招标人。“综合评估比较表”应当载明投标人的投标报价、所作的任何修正、对商务偏差的调整、对技术偏差的调整、对各评审因素的评估以及对每一投标的最终评审结果。

（3）其他评标方法

在法律、行政法规允许的范围内，招标人也可以采用其他评标方法。

（4）有下列情形之一的，评标委员会应当否决投标人的投标：

1）投标文件未经投标单位盖章和单位负责人签字。

2）投标联合体没有提交共同投标协议。

3）投标人不符合国家或者招标文件规定的资格条件。

4）同一投标人提交两个以上不同的投标文件或者投标报价，但招标文件要求提交备选投标的除外。

5）投标报价低于成本或者高于招标文件设定的最高投标限价。

6）投标文件没有对招标文件的实质性要求和条件作出响应。

7）投标人有串通投标、弄虚作假、行贿等违法行为。

（5）评标完成后，评标委员会应向招标人提交书面评标报告和中标候选人名单。依法必须进行招标的项目，招标人应自收到评标报告之日起 3 日内公示中标候选人，且公示期不得少于 3 日。

投标人或者其他利害关系人对依法必须进行招标的项目的评标结果有异议的，应在中标候选人公示期间提出。招标人应自收到异议之日起 3 日内作出答复；作出答复前，应暂停招标投标活动。

3. 定标

经评标后，即可确定出中标候选人（或中标单位）。评标委员会推荐的中标候选人应当限定在 3 人以内，并标明排列顺序。

中标人的投标需符合以下条件之一：

（1）能够最大限度地满足招标文件中规定的各项综合评价标准。

（2）能够满足招标文件的实质性要求，并且经评审的投标价格最低；但投标价格低于成本的除外。

对使用国有资金投资或者国家融资的项目，招标人应当确定排名第一的中标候选人为中标人。排名第一的中标候选人放弃中标、因不可抗力提出不能履行合同的，或招标文件规定应当提交履约保证金而在规定的期限内未能提交的，招标人可以确定排名第二的中标候选人为中标人。

排名第二的中标候选人因前述规定的同样原因不能签订合同的，招标人可以确定排名第三的中标候选人为中标人。

招标人可以授权评标委员会直接确定中标人。

需要注意的是，在确定中标人之前，招标人不可与投标人就投标价格、投标方案等实质性内容进行谈判。

建设部还规定，有如下情形之一的，评标委员会可要求投标人作出书面说明并提供相关材料：设有标底的，投标报价低于标底合理幅度的；不设标底的，投标报价明显低于其他投标报价，有可能低于其企业成本的。

经评标委员会论证，认定该投标人的报价低于其企业成本的，不能推荐为中标候选人或者中标人。

招标人应当在投标有效期截止时限30日前确定中标人。依法必须进行施工招标的工程，招标人应当自确定中标人之日起15日内，向工程所在地的县级以上地方人民政府建设行政主管部门提交施工招标投标情况的书面报告。建设行政主管部门自收到书面报告之日起5日内未通知招标人在招标投标活动中有违法行为的，招标人可以向中标人发出中标通知书，并将中标结果通知所有未中标的投标人。

4. 签约

（1）中标人确定后，招标人应当向中标人发出中标通知书，同时将中标结果通知所有未中标的投标人。中标通知书对招标人和中标人具有法律效力。中标通知书发出之后，若招标人改变中标结果，或中标人放弃中标项目的，应当依法承担法律责任。

（2）招标人和中标人应当自中标通知书发出之日起30日内，根据招标文件和中标人的投标文件订立书面合同。招标人和中标人不得再行订立背离合同实质性内容的其他协议。建设部还规定，招标人无正当理由不与中标人签订合同，给中标人造成损失的，招标人应当给予赔偿。招标文件要求中标人提交履约保证金的，中标人应当提交，但不得超过中标合同金额的10%。招标人应当同时向中标人提供工程款支付担保。中标人不与招标人订立合同的，投标保证金不予退还并取消其中标资格，给招标人造成的损失超过投标保证金数额的，应当对超过部分予以赔偿；没有提交投标保证金的，应当对招标人的损失承担赔偿责任。

订立书面合同后7日内，中标人应当将合同送县级以上工程所在地的建设行政主管部门备案。

（3）招标人与中标人签订合同后5个工作日内，应当向中标人和未中标的投标人退还投标保证金。

（4）中标人应按照合同约定履行义务，完成中标项目。中标人不得向他人转让中标项目，也不得将中标项目肢解后分别向他人转让。中标人按照合同约定或者经招标人同意，可将中标项目的部分非主体、非关键性工程分包给他人完成。接受分包的人需具备相应的资格条件，且不能再次分包。中标人应当就分包项目向招标人负责，接受分包的人就分包项目承担连带责任。

5.4 招标文件的组成与编制

5.4.1 招标文件的概念

招标文件是招标人向投标人发出的，旨在向其提供编写投标文件所需的资料，并向其通报招标投标将依据的规则和程序等项目内容的书面文件，它是招标投标过程中最重要的文件之一。通常在发布招标公告或发出投标邀请书前，招标人或其委托的招标代理机构就应根据招标项目的特点和要求编制招标文件。

5.4.2 招标文件的组成

招标文件一般包括以下内容：

（1）前附表。

（2）投标须知。

（3）合同主要条款。

（4）合同格式。

（5）采用工程量清单招标的，应当提供工程量清单。

（6）技术规范。

（7）设计图纸。

（8）评标标准和方法。

（9）投标文件的格式。

招标人应当在招标文件中规定实质性要求和条件，并用醒目的方式标明。

1. 前附表

它是投标须知前附表的简称，其以表格的形式将投标须知概括性地表示出来，放在招标文件的最前面，使投标人一目了然，便于引起注意和查阅。前附表一般包括：

（1）招标项目概况，包括项目名称、建设地点、建设规模、结构类型、资金来源等内容。

（2）招标范围。

（3）承包方式。

（4）合同名称。

（5）投标有效期。

（6）质量标准。

（7）工期要求。

（8）投标人资质等级。

（9）必要时概括列出投标报价的特殊性规定。

（10）投标保证金数额。

（11）投标预备会时间、地点。

（12）投标文件份数。

（13）投标文件递交地点。

（14）投标截止时间。

（15）开标时间。

2. 投标须知

投标须知一般包括总则、招标文件、投标文件、开标、评标、合同授予等内容。

（1）总则。一般包括：

1）招标项目概括。主要项目名称、建设地点、建设规模、结构类型、资金来源、建设审批文件等内容。

2）招标范围。

3）承包方式。

4）招标方式。

5）招标要求。包括质量标准、工期要求。

6）投标人条件。包括企业资质、项目经理资质等。

7）投标费用。

（2）招标文件。主要包括：

1）招标文件组成。

2）招标文件解释。其中规定了招标文件解释的时间和形式。

3）现场踏勘。

4）投标预备会。

5）招标文件修改。其中规定了招标文件修改的形式、时效、法律效力。

（3）投标文件。这是投标须知中对投标文件各项要求的阐述。主要包括：

1）投标文件的语言。

2）投标报价的规定。包括报价有效范围、报价依据、报价内容、部分费率和单价的规定、投标货币、主要材料和设备的品牌规定等。

3）投标文件编制要求。包括投标书组成内容、投标文件格式要求、投标文件的份数和签署、投标文件的密封与标志、投标有效期和投标截止期等。

4）投标文件递交规定。包括投标文件封包要求、投标文件递交的时间和地点等。

5）投标保证金。这是对投标保证金的货币或单证形式及交纳时间等问题的说明。投标保证金不得超过招标项目估算价的2%。投标保证金有效期应当与投标有效期一致。招标人不得挪用投标保证金。

6）投标文件的修改与撤回。这是对投标书的修改与撤回在时间和形式上的规定。

（4）开标。一般包括：

1）开标的时间、地点。

2）开标会议出席人员规定。

3）会前必须交验的有关证明文件的规定。

4）程序性废标的条件。

5）唱标和记录规定。

（5）评标。一般包括：

1）评标委员会的组成。

2）评标办法。

3）实质性废标条件。

4）投标文件澄清规定。

5）评标保密规定。

（6）合同授予。一般包括：

1）中标通知书发放规定。

2）履约保证金或保函递交时效规定。

3）合同签订时效规定。

3. 合同主要条款

合同主要条款一般包括：施工组织设计和工期、工程质量和验收、合同价款与支付、工程保修和其他等部分。

（1）施工组织设计和工期。一般包括以下内容：

1）进度计划编制要求。

2）开、竣工日期。

3）工程延期的条件。

（2）工程质量与验收。一般包括以下内容：

1）质量标准。

2）质量验收程序。

（3）合同价款与支付。一般包括以下内容：

1）合同价款调整规定。

2）工程款支付规定。

（4）其他。此部分根据招标人的具体要求编写。

4. 合同格式

其规定了合同所采用的文本格式。国内项目大多采用由建设部和国家工商行政管理局制定的《建设工程施工合同（示范文本）》（GF—2013—0201）。

5. 技术规范

其主要说明本项目适用规范、标准。

6. 设计图纸

是对施工图的移交作出规定。招标文件中的图纸，不仅是投标人拟定施工方案、确定施工方法、提出替代方案、计算投标报价必不可少的资料，也是工程合同的组成部分。因此应详细列出图纸张数和编号。

7. 评标标准和方法

此部分内容前面已进行解释，不再复述。

8. 投标文件的格式

此部分主要提供一些投标文件的统一格式。

5.4.3 招标文件的编制原则

招标文件的编制一般应遵循下列原则：

（1）招标人、招标代理机构及建设项目应具备招标条件。

（2）必须遵守国家的法律、法规及贷款组织的要求。

（3）公平、公正处理招标人和投标人的关系，保护双方的利益。

（4）招标文件的内容要力求统一，避免文件之间的矛盾。

（5）详尽地反映项目的客观和真实情况。

（6）招标文件的用词应准确、简洁明了。

（7）尽量采用行业招标范本格式或其他贷款组织要求的范本格式编制招标文件。

5.5 招标标底的组成与编制

5.5.1 标底的概念

标底是指招标人根据招标项目的具体情况，编制的完成招标项目所需的全部费用，是根据国家规定的计价依据和计价办法计算出来的工程造价，也是招标人对建设工程的期望价格。它由成本、利润、税金等组成，一般应控制在批准的总概算及投资包干限额内。

《中华人民共和国招标投标法》没有明确规定招标工程是否必须设置标底价格，招标人可根据实际情况自己决定是否需要编制标底。通常即使采用无标底招标方式进行工程招标，招标人在招标时也需要对招标工程的建造费用做出估计，使心中有一基本价格底数，同时可以对各个投标价格的合理性做出判断。

对设置标底的招标工程，标底价格是招标人的预期价格，对工程招标阶段的工作有一定的作用。

5.5.2 招标标底的编制原则

标底的编制应该遵循下列原则：

（1）根据国家公布的统一工程项目划分、统一计量单位、统一计算规则及施工图纸、招标文件，并参照国家、行业或地方批准发布的定额和国家、行业、地方规定的技术标准规范，以及生产要素市场价格确定工程量和编制标底。

（2）按工程项目类别计价。

（3）标底作为发包人的期望价格，应力求与市场的实际变化吻合，要有利于竞争和保证工程质量。

（4）标底应由工程直接费、间接费、利润、税金等组成，一般应控制在批准的总概算（或修正概算）及投资包干的限额内。

（5）标底应考虑人工、材料、设备、机械台班等价格变化因素，还应包括不可预见费（特殊情况）、预算包干费、措施费（赶工措施费、施工技术措施费）、现场因素费用、保险及采用固定价格的工程的风险金等。工程要求优良的还应增加相应的费用。

（6）一个工程只能编制一个标底。

（7）标底编制完成后，直至开标时，所有接触过标底价格的人员均负有保密责任，不得泄露。

（8）接受委托编制标底的中介机构不得参加受托编制标底项目的投标，也不得为该项目的投标人编制投标文件或者提供咨询。

（9）招标人设有最高投标限价的，应当在招标文件中明确最高投标限价或者最高投标限价的计算方法。招标人不得规定最低投标限价。

5.5.3 招标标底的编制依据

工程标底的编制依据主要包括：

（1）国家的有关法律、法规及国务院和省、自治区、直辖市人民政府建设行政主管部门制定的有关工程造价的文件、规定。

（2）工程招标文件中确定的计价依据和计价办法，招标文件的商务条款，包括合同条件中规定由工程承包方应承担义务而可能发生的费用，以及招标文件的澄清、答疑等补充文件和资料。在标底价格计算时，计算口径和取费内容必须与招标文件中有关取费等的要求一致。

（3）工程设计文件、图纸、技术说明及招标时的设计交底，按设计图纸确定的或招标人提供的工程量清单等相关基础资料。

（4）国家、行业、地方的工程建设标准，包括建设工程施工必须执行的建设技术标准、规范和规程。

（5）采用的施工组织设计、施工方案、施工技术措施等。

（6）工程施工现场地质、水文勘探资料，现场环境和条件及反映相应情况的有关资料。

（7）招标时的人工、材料、设备及施工机械台班等要素市场价格信息，以及国家或地方有关政策性调价文件的规定。

5.5.4 招标标底文件的组成与编制

工程招标标底文件主要包括标底报审表和标底正文两部分。

1. 标底报审表

标底报审表是招标文件和标底正文内容的综合摘要。一般包括以下内容：

（1）招标工程综合说明。包括招标工程的名称、报建建筑面积、结构类型、建筑物层数、设计概算或修正概算总金额、施工质量要求、定额工期、计划工期、计划开工竣工时间等，必要时要附上招标工程（单项工程、单位工程等）一览表。

（2）标底价格。包括招标工程的总造价、单方造价，钢材、木材、水泥等主要材料的总用量及其单方用量。

（3）招标工程总造价中各项费用的说明。包括对包干系数、不可预见费用、工程特殊技术措施费等的说明，以及对增加或减少的项目的审定意见和说明。

采用工料单价和综合单价的标底报审表，在内容（栏目设置）上不尽相同，其样式分别见表5-3和表5-4。

标底报审表（1） **表5-3**

（采用工料单价）

<table>
<tr><td>建设单位</td><td colspan="2"></td><td>工程名称</td><td colspan="2"></td><td colspan="3">报建建筑面积（m^2）</td><td colspan="2"></td><td>层数</td><td></td><td>结构类型</td><td></td></tr>
<tr><td colspan="2">标底价格编制单位</td><td colspan="2"></td><td>编制人员</td><td colspan="2"></td><td colspan="2">报审时间</td><td colspan="4">年　月　日</td><td>工程类别</td><td></td></tr>
<tr><td rowspan="11">报送标底价格</td><td colspan="3">建筑面积（m^2）</td><td colspan="4"></td><td rowspan="11">审定标底价格</td><td colspan="4">建筑面积（m^2）</td><td colspan="2"></td></tr>
<tr><td colspan="3">项目</td><td colspan="2">单方价（元/m^2）</td><td colspan="2">合价（元）</td><td colspan="4">项目</td><td>单方价（元/m^2）</td><td>合价（元）</td></tr>
<tr><td colspan="3">工程直接费合计</td><td colspan="4"></td><td colspan="4">工程直接费合计</td><td colspan="2"></td></tr>
<tr><td colspan="3">工程间接费</td><td colspan="4"></td><td colspan="4">工程间接费</td><td colspan="2"></td></tr>
<tr><td colspan="3">利润</td><td colspan="4"></td><td colspan="4">利润</td><td colspan="2"></td></tr>
<tr><td colspan="3">其他费</td><td colspan="4"></td><td colspan="4">其他费</td><td colspan="2"></td></tr>
<tr><td colspan="3">税金</td><td colspan="4"></td><td colspan="4">税金</td><td colspan="2"></td></tr>
<tr><td colspan="3">标底价格总价</td><td colspan="4"></td><td colspan="4">标底价格总价</td><td colspan="2"></td></tr>
<tr><td rowspan="2">主要材料总量</td><td colspan="2">钢格（t）</td><td colspan="2">木材（m^3）</td><td colspan="2">水泥（t）</td><td rowspan="2">主要材料总量</td><td colspan="3">钢格（t）</td><td>木材（m^3）</td><td>水泥（t）</td></tr>
<tr><td colspan="2"></td><td colspan="2"></td><td colspan="2"></td><td colspan="3"></td><td></td><td></td></tr>
<tr><td colspan="7"></td><td colspan="6"></td></tr>
<tr><td colspan="10">审定意见</td><td colspan="5">审定说明</td></tr>
<tr><td colspan="5">增加项目
小计____元</td><td colspan="5">减少项目
小计____元</td><td colspan="5" rowspan="2"></td></tr>
<tr><td colspan="10">合计______元</td></tr>
<tr><td colspan="2">审定人</td><td></td><td>复核人</td><td colspan="2"></td><td colspan="4">审定单位盖章</td><td colspan="3">审定时间</td><td colspan="2">年　月　日</td></tr>
</table>

标底报审表（2） **表 5-4**

（采用综合单价）

<table>
<tr><td>建设单位</td><td></td><td>工程名称</td><td></td><td>报建建筑面积(m²)</td><td></td><td>层数</td><td></td><td>结构类型</td><td></td></tr>
<tr><td colspan="2">标底价格编制单位</td><td>编制人员</td><td></td><td>报审时间</td><td colspan="3">年　月　日</td><td>工程类别</td><td></td></tr>
<tr><td rowspan="8">报送标底价格</td><td>建筑面积(m²)</td><td colspan="2"></td><td rowspan="8">审定标底价格</td><td>建筑面积(m²)</td><td colspan="2"></td></tr>
<tr><td>项目</td><td>单方价（元/m²）</td><td>合价（元）</td><td>项目</td><td>单方价（元/m²）</td><td>合价（元）</td></tr>
<tr><td>报送标底价格</td><td></td><td></td><td>审定标底价格</td><td></td><td></td></tr>
<tr><td>主要材料</td><td>单方用量</td><td>总用量</td><td>主要材料</td><td>单方用量</td><td>总用量</td></tr>
<tr><td>钢材(t)</td><td></td><td></td><td>钢材(t)</td><td></td><td></td></tr>
<tr><td>木材(m³)</td><td></td><td></td><td>木材(m³)</td><td></td><td></td></tr>
<tr><td>水泥(t)</td><td></td><td></td><td>水泥(t)</td><td></td><td></td></tr>
</table>

<table>
<tr><td colspan="2">审定意见</td><td>审定说明</td></tr>
<tr><td>增加项目

小计____元</td><td>减少项目

小计____元</td><td rowspan="2"></td></tr>
<tr><td colspan="2">合计______元</td></tr>
</table>

审定人		复核人		审定单位盖章	审定时间	年　月　日

2. 标底正文

标底正文是详细反映招标人对工程价格、工期等的预期控制数据和具体要求的部分。一般包括以下内容：

（1）总则

总则主要是要说明标底编制单位的名称，持有的标底编制资质等级证书，标底编制的人员及其执业资格证书，标底应具备的条件，编制标底的原则和方法，标底的审定机构，对标底的封存、保密要求等内容。

（2）标底各项要求及其编制说明

标底各项要求及其编制说明主要说明招标人在方案、质量、期限、价金、方法、措施等诸方面的综合性预期控制指标或要求，并要阐释其依据、包括和不包括的内容、各有关费用的计算方式等。

在标底各项要求中，要注意明确各单项工程、单位工程、室外工程的名称、建筑面积、方案要点、质量、工期、单方造价（或技术经济指标）及总造价，明确钢材、木材、水泥等的总用量及单方用量，甲方供应的设备、构件与特殊材料的用量，明确分部分项直接费、其他直接费、工资及主材的调价、企业经营费、利税取费等。

在标底编制说明中，应特别注意对标底价格的计算说明。对标底价格的计算说明，一般需要阐明如下几个问题：

1）关于工程量清单的使用和内容。旨在说明工程量清单必须与投标须知、合同条件、合同协议条款、技术规范和图纸一起使用，工程量清单中不再重复或概括工程及材料的一般说明，在编制和填写工程量清单的每一项的单价和合价时，需参考投标须知和合同文件的有关条款。

2）关于工程量的结算。旨在说明工程量清单所列的工程量，是招标人估算的和临时的，只作为编制标底价格及投标报价的共同基础，付款则以实际完成的工程量为依据。实际完成的工程量，由投标人计量、监理工程师核准。

3）关于标底价格的计价方式和采用的货币。旨在说明下列两方面：

① 采用工料单价的，工程量清单中所填入的单价与合价，应按照现行预算定额的工、料、机消耗标准及预算价格确定，作为直接费的基础。其他直接费、间接费、利润、有关文件规定的调价、材料差价、设备价、现场因素费用、施工技术措施费、赶工措施费及采用固定价格的工程所测算的风险金、税金等的费用，计入其他相应标底价格计算表中。

② 采用综合单价的，工程量清单中所填入的单价和合价，应包括人工费、材料费、机械费、其他直接费、间接费、有关文件规定的调价、利润、税金以及现行取费中的有关费用、材料差价以及采用固定价格的工程所测算的风险金等的全部费用。标底价格中所有标价以人民币（或其他适当的货币）计价。

（3）标底价格计算用表

采用工料单价的标底价格计算用表和采用综合单价的标底价格计算用表有所不同。

1）采用工料单价的标底价格计算用表，主要有标底价格汇总表，工程量清单汇总及取费表，工程量清单表，材料清单及材料差价，设备清单及价格，现场因素、施工技术措施及赶工措施费用表等。格式见表 5-5～表 5-10。

标底价格汇总表 **表 5-5**

（采用工料单价） 金额单位：人民币元

项目		标底价格组成					合计	备注
序号	内容	工程直接费合计	工程间接费合计	利润	其他费	税金		
1	工程量清单汇总及取费							
2	材料差价							
3	设备价（含运杂费）							
4	现场因素、施工技术措施及赶工措施费							
5	其他							
6	风险金							
7	合计							
标底价格总价（大写）______元								

工程量清单汇总及取费表 表 5-6

（采用工料单价） 金额单位：人民币元

项目			单位	费率（%）	工程项目名称					合计
					土建工程	给排水工程	采暖工程	电气工程		
工程直接费	合计									
	工程量清单	合计								
		人工费								
		材料费								
		机械费								
	其他直接费	合计								
		冬雨期施工增加费								
		夜间施工增加费								
		二次搬运费								
	现场经费									
间接费	合计									
	企业管理费									
	财务费									
利润										
其他费	合计									
	预算包干费									
	地区差价									
税金										
合计										

工程量清单汇总及取费，合计______元（结转至标底价格汇总表）

工程量清单表 表 5-7

（采用汇料单价）

____________工程 金额单位：人民币元

项目编号	项目名称	单位	工程量	单价	合价	其中		
						人工费	材料费	机械费

共______页，本页小计______元

工程量清单合计______元（结转至工程量清单汇总及取费表）

材料清单及材料差价 **表 5-8**

（采用工料单价） 金额单位：人民币元

序号	材料名称及规格	单位	数量	预算价格中供应价	市场供应价	差价	价格来源及询价时间	备注
共______页，本页小计______元								
合计	______元							
税金	______元							
材料差价合计______元（结转至标底价格汇总表）								

设备清单及价格 **表 5-9**

（采用工料单价） 金额单位：人民币元

序号	设备名称	型号及规格	单位	数量	出厂价	运杂费	合计	价格来源及询价时间
共______页，本页小计______元（其中设备出厂价______元，运杂费______元）								
合计	______元							
税金	______元							
设备价格（含运杂费）合计______元（结转至标底价格汇总表）								

现场因素、施工技术措施及赶工措施费用表 **表 5-10**

（采用工料单价） 金额单位：人民币元

序号	计价内容及计算过程	金额	备注
共______页，本页小计______元			
合计	______元		
税金	______元		
合计______元（结转至标底价格汇总表）			

2）采用综合单价的标底价格计算用表，主要有标底价格汇总表，工程量清单表，设备清单及价格表，现场因素、施工技术措施及赶工措施费用表，材料清单及材料差价表，

人工工日及人工费，机械台班及机械费表等。格式见表 5-11～表 5-16。

标底价格汇总表　　　　表 5-11

（采用工料单价）　　　　金额单位：人民币元

序号	表号	工程项目名称	金额	备注
报送标底价格______元				

工程量清单表　　　　表 5-12

______工程　　　　（采用综合单价）　　　　金额单位：人民币元

编号	项目名称	单位	工程量	单价	合价	单价分析									
						人工费	材料费	机械费	其他直接费	间接费	利润	税金	材差	风险金	其他
共______页，本页小计______元															
工程量清单合计______元（结转至标底价格汇总表）															

设备清单及价格表　　　　表 5-13

（采用综合单价）　　　　金额单位：人民币元

序号	设备名称	型号及规格	单位	数量	出厂价	运杂费	合价	价格来源及询价时间
共______页，本页小计______元（其中设备出厂价______元，运杂费______元）								
合计	______元							
税金	______元							
设备价格（含运杂费）合计______元（结转至标底价格汇总表）								

现场因素、施工技术措施及赶工措施费用表　　　　表 5-14

（采用综合单价）　　　　金额单位：人民币元

序号	计价内容及计算过程	金额	备注
共______元，本页小计______元			
合计	______元		
税金	______元		
合计______元（结转至标底价格汇总表）			

材料清单及材料差价表 **表 5-15**

（采用综合单价） 金额单位：人民币元

序号	材料名称及规格	单位	数量 a	预算价格中供应单价 b	预算供应价合计 $c=a\times b$	市场供应单价 d	市场供应价合计 $e=a\times d$	材料差价合计 $f=e-c$	备注
合计									

机械台班及机械费用表 **表 5-16**

（采用综合单价）

序号	施工机械名称及型号	台班	定额机械费		计算标底价格取定		机械费差价		备注
			台班单价	合价	台班单价	合价	台班单价	差价合计	
合计									

（4）施工方案及现场条件。施工方案及现场条件主要说明施工方法给定条件、工程建设地点现场条件、临时设施布置及临时用地表等。

1）关于施工方法给定条件。编制标底价格所依据的方案应先进、可行、经济、合理，并能指导施工。应包括如下内容：

① 各分部分项工程的完整的施工方法，保证质量措施。

② 各分部分项施工进度计划。

③ 施工机械的进场计划。

④ 工程材料的进场计划。

⑤ 施工现场平面布置图及施工道路平面图。

⑥ 冬、雨期施工措施。

⑦ 地下管线及其他地上、地下设施的加固措施。

⑧ 保证安全生产、文明施工，减少扰民，降低环境污染和噪声的措施。

2）关于工程建设地点现场条件。现场自然条件包括现场环境、地形、地貌、地质、水文、地震烈度及气温、雨雪量、风向、风力等。现场施工条件包括建设用地面积，建筑物占用面积，场地拆迁及平整情况，施工用水、电以及有关勘探资料等。

3）关于临时设施布置及临时用地表。对临时设施布置，招标人应提交一份施工现场临时设施布置图表并附文字说明，说明临时设施、加工车间、现场办公、设备及仓储、供电、供水、卫生、生活等设施的情况和布置。对临时用地，招标人要列表注明全部临时设施用地的面积、详细用途和需用的时间表。

6　水暖工程清单计价模式下工程投标

6.1　工程投标概述

6.1.1　工程投标的概念

投标指投标人针对招标人的要约邀请，以明确的价格、期限、质量等具体条件，向招标人发出要约，通过竞争获得经营业务的活动。

6.1.2　投标人的权利与义务

投标人一般包括勘察设计单位、施工企业、建筑装饰企业、工程材料设备供应单位、工程总承包单位以及咨询、监理单位等。

1. 投标人的权利

（1）平等地获得利用招标信息的权利。

（2）按照招标文件的要求自主投标或组成联合体投标的权利。

（3）委托代理机构进行投标的权利。

（4）要求招标人或招标代理人对招标文件中的有关问题进行答疑的权利。

（5）根据自己的经营情况和掌握的市场信息，确定自己的投标报价的权利。

（6）根据自己的经营情况参与投标竞争或放弃参与竞争的权利。

（7）要求优质优价的权利。

（8）控告、检举招标过程中的违法、违规行为的权利。

2. 投标人的义务

（1）遵守法律、法规、规章和方针、政策。

（2）接受招标投标管理机构的监督管理。

（3）保证所提供的投标文件的真实性，提供投标保证金或其他形式的担保。

（4）按招标人或招标代理机构的要求对投标文件的有关问题进行答疑。

（5）中标后与招标人签订合同并履行合同，不得转包合同，非经招标人同意不得分包合同。

（6）履行依法约定的其他各项义务。

3. 投标人的禁止行为

（1）禁止投标人相互串通投标

1）有下列情形之一的，属于投标人相互串通投标：

① 投标人之间协商投标报价等投标文件的实质性内容。

② 投标人之间约定中标人。

③ 投标人之间约定部分投标人放弃投标或者中标。

④ 属于同一集团、协会、商会等组织成员的投标人按照该组织要求协同投标。

⑤ 投标人之间为谋取中标或者排斥特定投标人而采取的其他联合行动。

2）有下列情形之一的，视为投标人相互串通投标：

① 不同投标人的投标文件由同一单位或者个人编制。

② 不同投标人委托同一单位或者个人办理投标事宜。

③ 不同投标人的投标文件载明的项目管理成员为同一人。

④ 不同投标人的投标文件异常一致或者投标报价呈规律性差异。

⑤ 不同投标人的投标文件相互混装。

⑥ 不同投标人的投标保证金从同一单位或者个人的账户转出。

（2）禁止招标人与投标人串通投标

有下列情形之一的，属于招标人与投标人串通投标：

1）招标人在开标前开启投标文件并将有关信息泄露给其他投标人。

2）招标人直接或者间接向投标人泄露标底、评标委员会成员等信息。

3）招标人明示或者暗示投标人压低或者抬高投标报价。

4）招标人授意投标人撤换、修改投标文件。

5）招标人明示或者暗示投标人为特定投标人中标提供方便。

6）招标人与投标人为谋求特定投标人中标而采取的其他串通行为。

（3）禁止投标人弄虚作假

投标人不得以低于成本的报价竞标、以他人名义投标或以其他方式弄虚作假，骗取中标。投标人以其他方式弄虚作假的行为包括：

1）使用伪造、变造的许可证件。

2）提供虚假的财务状况或者业绩。

3）提供虚假的项目负责人或者主要技术人员简历、劳动关系证明。

4）提供虚假的信用状况。

5）其他弄虚作假的行为。

6.1.3 工程投标的基本条件

投标人是工程招标投标活动中的另一方当事人，指响应招标，并按照招标文件的要求参与工程任务竞争的法人或者其他组织。

投标人必须具备下列基本条件，方可参加工程项目的投标。

（1）必须有与招标文件要求相适应的人力、物力和财力。

（2）必须有符合招标文件要求的资质等级和相应的工作经验与业绩证明。

（3）符合法律、法规、规章和政策规定的其他条件。

与招标人存在利害关系可能影响招标公正性的法人、其他组织或者个人，不得参加投标。单位负责人为同一人或者存在控股、管理关系的不同单位，不得参加同一标段投标或者未划分标段的同一招标项目投标。违反这两项规定的，相关投标均无效。

6.1.4 工程投标的程序

投标活动的一般程序为：

（1）成立投标组织。

（2）投标初步决策。

（3）参加资格预审，并购买标书。

（4）参加现场踏勘和招标预备会。

（5）进行技术环境和市场环境调查。

（6）编制施工组织设计。

（7）编制并审核施工图预算。

（8）投标最终决策。

（9）标书成稿。

（10）标书装订和封包。

（11）递交标书参加开标会议。

（12）接到中标通知书后，与发包人签订合同。

6.2 投标文件的组成与编制

6.2.1 投标文件的组成

投标文件是投标人单方面阐述自己响应招标文件要求，旨在向招标人提出愿意订立合同的意思表示，是投标人确定和解释有关投标事项的各种书面表达形式的统称。

建设工程投标文件由一系列有关投标方面的书面资料组成。一般包括以下几个部分：

（1）投标书。主要内容为：投标报价、质量、工期目标、履约保证金数额等。

（2）投标书附录。内容为投标人对开工日期、履约保证金、违约金及招标文件规定其他要求的具体承诺。

（3）投标保证金。投标保证金的形式有现金、支票、汇票和银行保函。依法必须进行招标的项目的境内投标单位，以现金或者支票形式提交的投标保证金应当从其基本账户转出。投标保证金具体采用何种形式应根据招标文件规定。此外，投标保证金被视为投标文件的组成部分，未及时交纳投标保证金，投标将被作为废标而遭拒绝。

（4）法定代表人资格证明书。

（5）授权委托书。

（6）具有标价的工程量清单与报价表。当招标文件要求投标书需附报价计算书时，应附上。

（7）辅助资料表。常见的有：企业资信证明资料、企业业绩证明资料、项目经理简历及证明资料、施工机械设备表、项目部管理人员表及证明资料、劳动力计划表和临时设施计划表等。

（8）资格审查表（资格预审的不采用）。

（9）对招标文件中的合同协议条款内容的确认和响应。该部分内容一般并入投标书或投标书附录。

（10）施工组织设计。一般包括：施工部署，施工方案，总进度计划，资源计划，施工总平面图，季节性施工措施，质量、进度保证措施，安全施工、文明施工、环境保护措施等。

（11）按招标文件规定提交的其他资料。

上述（1）～（6）及（9）的内容组成商务标，（10）为技术标的主要内容，（7）、（8）的内容组成资信标或并入商务标、技术标。具体根据招标文件规定。

投标人必须使用招标文件提供的投标文件表格格式，但表格可以按同样格式扩展。招标文件中拟定的供投标人投标时填写的一套投标文件格式，主要有投标书及投标书附录、工程量清单与报价表、辅助资料表等。

6.2.2 投标文件的编制要求

投标文件的编制一般应满足下列要求：

（1）投标人编制投标文件时必须使用招标文件提供的投标文件表格格式，但表格可以按同样格式扩展。投标保证金、履约保证金的方式，按招标文件有关条款的规定可以选择。投标人根据招标文件的要求和条件填写投标文件的空格时，凡要求填写的空格都必须填写，不得空着不填，否则，将被视为放弃意见。实质性的项目或数字，如工期、质量等级、价格等未填写的，将被作为无效或作废的投标文件处理。将投标文件按规定的日期送交招标人，等待开标、决标。

（2）应当编制的投标文件“正本”仅一份，“副本”则按招标文件前附表所述的份数提供，同时要在标书封面标明“投标文件正本”和“投标文件副本”字样。投标文件正本和副本如有不一致的地方，以正本为准。

（3）投标文件正本和副本均应使用不能擦去的墨水打印或书写，各种投标文件的填写都要字迹清晰、端正，补充设计图纸要整洁、美观。

（4）所有投标文件均由投标人的法定代表人签署、加盖印鉴，并加盖法人单位公章。

（5）填报投标文件应反复校核，保证分项和汇总计算均无错误。全套投标文件均应无涂改和行间插字，除非这些删改是根据招标人的要求进行的，或者是投标人造成的必须修改的错误。修改处应由投标文件签字人签字证明并加盖印鉴。

（6）若招标文件规定投标保证金为合同总价的某百分比，开投标保函不要太早，以防泄露己方报价。但也有投标商提前开出并故意加大保函金额，以麻痹竞争对手的情况。

（7）投标人应将投标文件的技术标和商务标分别密封在内层包封，再密封在一个外层包封中，并在内封上标明“技术标”和“商务标”。标书包封的封口处都必须加贴封条，封条贴缝应全部加盖密封章或法人章。内层和外层包封都应由投标人的法定代表人签署、加盖印鉴，并加盖法人单位公章。内层和外层包封都应写明投标人名称和地址、工程名称、招标编号，并注明开标时间以前不得开封。在内层和外层包封上还应写明投标人的名称与地址、邮政编码，以便投标出现逾期送达时能原封退回。若内外层包封没有按上述规定密封并加写标志，投标文件将被拒绝，并退还给投标人。投标文件应按时递交至招标文件前附表所述的单位和地址。

（8）投标文件的打印应力求整洁、悦目，避免评标专家产生反感。投标文件的装订也要力求精美，使评标专家从侧面产生对投标人企业实力的认可。

6.2.3 投标文件的编制格式

（1）投标书格式（表 6-1）。

投 标 书

××××(招标单位名称)：

1. 根据已收到的××××大厦办公大楼工程的招标文件，经我方考察现场和研究上述工程的招标文件后我方愿以：

①招标文件 8.1.1 条内容以总报价(大写)：__________元整；

②招标文件 8.1.2 条内容以总包管理费率________%；

承包上述工程的施工、竣工和保修。

2. 一旦我方中标，我方保证________天(日历天)内竣工并移交整个工程。

3. 一旦我方中标，我方保证工程质量达到________标准。

4. 如我方中标，我方将按照规定提交履约保证金，金额为合同总价的________%。

5. 我方同意所递交的投标文件在“投标须知”规定的投标有效期内有效，在此期间内我方的投标有可能中标，我方将受此约束。

6. 除非另外达成协议并生效，你方的中标通知书和本投标文件将构成约束我们双方的合同。

投标单位：(盖章)

单位地址：

法定代表人：(签字、盖章)

邮政编码：

电　　话：　　　　传　　真：

开户银行名称：　　　　银行账号：

开户银行地址：　　　　电　　话：

日期：　　年　　月　　日

（2）投标书附录格式（表 6-2）。

投标书附录 **表 6-2**

投 标 书 附 录

序号	项目内容	投标承诺
1	履约保证金	
2	报告开工时间	
3	工期提前奖励标准	
4	投标承诺工期延误赔偿标准	
5	投标承诺工期延误赔偿限额	
6	质量未达到投标承诺违约金	
7	未履行项目经理到位率≥90%承诺违约金	
8	未履行主要施工管理人员满足施工管理需要且未及时执行要求更换或增加施工管理人员的监理函件承诺违约金	
9	未履行按投标文件配备施工所需的主要机械设备到场承诺违约金	
10	未履行不发生重大质量安全事故承诺违约金	
11	未履行认真及时执行监理指令承诺违约金	
12	未履行创××区及以上等级文明施工标准化工地承诺违约金	
13	文明施工增加费	
14	提前竣工增加费	
15	优良工程增加费	
16	工程保修金	
17	除桩基工程、空调系统、电话、智能化弱电、消防工程、玻璃幕墙、二次装饰外的分包工程不计取总包管理费	
18	是否同意招标文件其他内容	
19	是否同意合同协议条款	

注：1. 本表须对应前附表二提供的内容在“投标承诺”列中填报，对于前附表二中有具体数额标准的栏目或“是否同意招标文件其他条款及合同协议条款”栏目，投标单位必须作出相应承诺意见。
2. 对应前附表二，在要求填报的每一栏目必须填报，否则视作实质上不响应招标文件要求，不予评审。

投标单位：（盖章） 法定代表人：（签字、盖章）

日期： 年 月 日

（3）法定代表人资格证明书的常见格式（表 6-3）。

法定代表人资格证明书 **表 6-3**

法定代表人资格证明书

______________(姓名)，身份证号：______________性别：______________年龄：______________，职务：______________系______________(单位名称)法定代表人，具有签署______________(招标项目名称)的投标文件、合同和处理一切与之有关的事务的合法资格。

附：法定代表人签名和印模

投标人：(盖章)

年　　月　　日

（4）授权委托书的一般格式（表 6-4）。

授权委托书 **表 6-4**

授权委托书

本授权委托书声明：我______________(姓名)身份证号：______________系______________(单位名称)的法定代表人，现授权委托______________(单位名称)的______________(姓名)身份证号：______________为我公司的代理人，以本公司的名义参加______________(招标项目名称)的投标活动。代理人在开标、评标和合同谈判过程中所签署的一切文件和处理与之有关的一切事务，我均予以承认。

代理人无权转委托。

附：代理人签名和印模

投标人：(盖章)

授权人：(签字、盖章)

年　　月　日

（5）总报价表格式（表 6-5）。

工程总报价一览表 **表 6-5**

<table>
<tr><td colspan="2">投标单位</td><td colspan="3"></td></tr>
<tr><td colspan="2">企业等级</td><td></td><td>建设规模（m^2）</td><td></td></tr>
<tr><td colspan="2">投标工期</td><td></td><td>工程质量等级</td><td></td></tr>
<tr><td colspan="2">项目名称</td><td colspan="2">招标文件 8.1.1 条内容投标报价（万元）</td><td>备注</td></tr>
<tr><td colspan="2">土建</td><td colspan="2"></td><td></td></tr>
<tr><td rowspan="3">安装</td><td>水</td><td colspan="2"></td><td></td></tr>
<tr><td>电</td><td colspan="2"></td><td></td></tr>
<tr><td>消防</td><td colspan="2"></td><td></td></tr>
<tr><td colspan="2">总报价（万元）</td><td colspan="2"></td><td></td></tr>
<tr><td colspan="5">招标文件 8.1.2 条内容总包管理费率率</td></tr>
</table>

项目名称	分包部分总包管理费费率（%）	备注
桩基工程、空调系统、电话、智能化弱电、消防工程、玻璃幕墙、二次装饰		含现场现有垂直运输设备及脚手架使用配合费

注：1. 若投标人尚有其他内容需明列的，请按此表格式扩展。

2. 招标文件 8.1.1 条内容部分附预算书，报价小数点保留 4 位；总包管理费费率小数点保留 2 位。预算书封面须同时加盖投标单位的法人章、编制人的概预算资格章，否则视为废标处理。

3. 开标时另向建设单位提供计算书。

4. 允许分包部分概算造价约 4000 万元，实际造价以决算为准。

投标单位：（盖章）

法定代表人：（签字、盖章）

日期：　　年　　月　　日

（6）常用辅助资料表格式（表 6-6～表 6-10）。

项目经理简历表 **表 6-6**

项目经理简历表

姓　　名		性　　别		
资质等级		职　　称		
学　　历		年　　龄		
参加工作时间		从事项目经理年限		
已完成工程项目情况				
建设单位	工程名称	建设规模	开竣工日期	工程质量
备注				

主要施工管理人员表 **表 6-7**

名称	姓名	职务	职称	主要资历及业绩
一、总部 1. 项目主管 2. 3. 4.				
二、现场 1. 项目经理 2. 技术管理 3. 质量管理 4. 安全管理 5. 材料管理 6. 7. 8. 9. 10.				
备注				

投入本工程主要施工机械设备表 **表 6-8**

序号	机械设备名称	规格型号	数量	产地	制造年份	定额功率(kW)	计划进场时间

项目拟分包情况表 表 6-9

序号	分包内容	估算价格	分包单位名称	分包单位同类施工业绩
备注				

劳动力计划表 表 6-10

工种级别	按工程施工阶段投入劳动力情况						

注：投标单位应按所列格式提交包括分包单位在内的劳动力计划表。

（7）部分资格审查表格式（表 6-11～表 6-14）。

投标单位企业概况 表 6-11

<table>
<tr><td colspan="3">企业名称</td><td colspan="2"></td><td colspan="2">成立时间</td><td colspan="2"></td></tr>
<tr><td colspan="3">资质等级</td><td colspan="2"></td><td colspan="2">企业性质</td><td colspan="2"></td></tr>
<tr><td colspan="3">批准单位</td><td colspan="2"></td><td colspan="2">单位地址</td><td colspan="2"></td></tr>
<tr><td colspan="3">经营范围</td><td colspan="2"></td><td colspan="2">经营方式</td><td colspan="2"></td></tr>
<tr><td rowspan="3">企业职工总数</td><td rowspan="3">人</td><td colspan="4">有职称管理人员</td><td colspan="3">工人</td></tr>
<tr><td>高工</td><td>工程师</td><td>助工</td><td>技术员</td><td>4～8 级</td><td>1～3 级</td><td>无级</td></tr>
<tr><td></td><td></td><td></td><td></td><td></td><td></td><td></td></tr>
<tr><td rowspan="15">主要施工机械设备</td><td colspan="2">名称</td><td>型号</td><td>数量（台）</td><td>总功率</td><td colspan="2">制造国或产地</td><td>制造日期</td></tr>
<tr><td colspan="2"></td><td></td><td></td><td></td><td colspan="2"></td><td></td></tr>
<tr><td colspan="2"></td><td></td><td></td><td></td><td colspan="2"></td><td></td></tr>
<tr><td colspan="2"></td><td></td><td></td><td></td><td colspan="2"></td><td></td></tr>
<tr><td colspan="2"></td><td></td><td></td><td></td><td colspan="2"></td><td></td></tr>
<tr><td colspan="2"></td><td></td><td></td><td></td><td colspan="2"></td><td></td></tr>
<tr><td colspan="2"></td><td></td><td></td><td></td><td colspan="2"></td><td></td></tr>
<tr><td colspan="2"></td><td></td><td></td><td></td><td colspan="2"></td><td></td></tr>
<tr><td colspan="2"></td><td></td><td></td><td></td><td colspan="2"></td><td></td></tr>
<tr><td colspan="2"></td><td></td><td></td><td></td><td colspan="2"></td><td></td></tr>
<tr><td colspan="2"></td><td></td><td></td><td></td><td colspan="2"></td><td></td></tr>
<tr><td colspan="2"></td><td></td><td></td><td></td><td colspan="2"></td><td></td></tr>
<tr><td colspan="2"></td><td></td><td></td><td></td><td colspan="2"></td><td></td></tr>
<tr><td colspan="2"></td><td></td><td></td><td></td><td colspan="2"></td><td></td></tr>
<tr><td colspan="2"></td><td></td><td></td><td></td><td colspan="2"></td><td></td></tr>
</table>

2012年竣工工程情况一览表 表6-12

建设单位	项目名称及建设地点	结构类型	建设规模	开竣工日期	合同价格	质量达到标准

2012年承建工程情况一览表 表6-13

建设单位	项目名称及建设地点	结构类型	建设规模	开竣工日期	合同价格	质量达到标准

2010～2012 年同类工程获奖情况表 **表 6-14**

工程名称	建设单位名称	工程规模	获奖类别	获奖时间

6.2.4 投标文件的递交

投标人应在招标文件前附表规定的日期内将投标文件递交给招标人。招标人可以按招标文件中投标须知规定的方式，酌情延长递交投标文件的截止日期。这种情况下，招标人与投标人之前在投标截止日期方面的全部权利、责任和义务，将适用于延长后新的投标截止日期。

投标人在递交投标文件以后，可以在规定的投标截止时间之前，采用书面形式向招标人递交补充、修改或撤回其投标文件的通知，对于撤回投标文件的通知，招标人已收取投标保证金的，应当自收到投标人书面撤回通知之日起 5 日内退还。在投标截止日期以后，投标人不能更改投标文件。投标人的补充、修改或撤回通知，应按招标文件中投标须知的规定编制、密封、加写标志和递交，并在内层包封标明“补充”、“修改”或“撤回”字样。补充、修改的内容为投标文件的组成部分。根据投标须知的规定，在投标截止时间与招标文件中规定的投标有效期终止日之间的这段时间内，投标人不能撤回投标文件，否则其投标保证金将不予退回。

投标人递交投标文件不宜太早，一般在招标文件规定的截止日期前一两天内密封送交指定地点比较好。

未通过资格预审的申请人提交的投标文件，以及逾期送达或者不按照招标文件要求密封的投标文件，招标人应当拒收。招标人应当如实记载投标文件的送达时间和密封情况，并存档备查。

招标人应当在资格预审公告、招标公告或者投标邀请书中载明是否接受联合体投标。招标人接受联合体投标并进行资格预审的，联合体应当在提交资格预审申请文件前组成。资格预审后联合体增减、更换成员的，其投标无效。联合体各方在同一招标项目中以自己名义单独投标或者参加其他联合体投标的，相关投标均无效。

另外，投标人发生合并、分立、破产等重大变化的，应当及时书面告知招标人。投标人不再具备资格预审文件、招标文件规定的资格条件或者其投标影响招标公正性的，其投标无效。

6.3 工程投标报价

6.3.1 投标估价及依据

投标估价即投标报价前，投标人根据有关法规、取费标准、市场价格、施工方案等，并考虑到上级企业管理费、风险费用、预计利润和税金等所确定的承揽该项工程的企业水平的价格。投标估价是承包商生产力水平的真实体现，是确定最终报价的基础。其主要依据有：

（1）招标文件，包括招标答疑文件。

（2）建设工程工程量清单计价规范、预算定额、费用定额及地方的有关工程造价的文件，有条件的企业应尽量采用企业施工定额。

（3）劳动力、材料价格信息，包括由地方造价管理部门编制的造价信息。

（4）地质报告、施工图，包括施工图指明的标准图。

（5）施工规范、标准。

（6）施工方案和施工进度计划。

（7）现场踏勘和环境调查所获得的信息。

（8）当采用工程量清单招标时应包括工程量清单。

6.3.2 投标报价的程序

1. 复核或计算工程量

工程招标文件中若提供工程量清单，投标价格计算之前，要对工程量进行校核。若没有提供工程量清单，则必须根据图纸计算全部工程量。如果招标文件对工程量的计算方法有规定，应按照规定的方法进行计算。

2. 确定单价，计算合价

在投标报价中，复核或计算各个分部分项工程的实物工程量后，就需要确定每一个分部分项工程的单价，并按照招标文件中工程量表的格式填写报价，一般是按照分部分项工程量内容和项目名称填写单价与合价。

计算单价时，应将构成分部分项工程的所有费用项目都纳入其中。人工、材料、机械费用应根据分部分项工程的人工、材料、机械消耗量及其相应的市场价格计算。一般承包企业应建立自己的标准价格数据库，并据此计算工程的投标价格。在应用单价数据库针对某一具体工程进行投标报价时，需要对选用的单价进行审核评价与调整，使之符合拟投标工程的实际情况，反映市场价格的变化。

在投标价格编制的各个阶段，投标价格一般以表格的形式进行计算。

3. 确定分包工程费

分包人的工程分包费用是投标价格的一个重要组成部分，有时总承包人投标价格中的相当部分来自于分包工程费。因此，在编制投标价格时需要有一个合适的价格来衡量分包人的价格，需要熟悉分包工程的范围，对分包人的能力进行评估。

4. 确定利润

利润指承包人的预期利润，确定利润取值的目标是既可以获得最大的可能利润，又要保证投标价格具有一定的竞争性。投标报价时承包人应根据市场竞争情况确定在该工程上的利润率。

5. 确定风险费

风险费对承包商来说是一个未知数，如果预计的风险没有全部发生，则可能预计的风险费有剩余，这部分剩余和计划利润加在一起就是盈余；如果风险费估计不足，则由盈利来补贴。在投标时应该根据该工程规模及工程所在地的实际情况，由有经验的专业人员对可能的风险因素进行逐项分析后确定一个比较合理的费用比率。

6. 确定投标价格

将所有的分部分项工程的合价汇总后就可以得到工程的总价，但是这样计算的工程总价还不能作为投标价格，因为这个工程总价可能重复也可能会漏算，也可能某些费用的预估有偏差等等，因此必须对计算出来的工程总价作某些必要的调整。调整投标价格应当建立在对工程盈亏分析的基础上，盈亏预测应用多种方法从多角度进行，找出计算中的问题及分析可以通过采取哪些措施降低成本、增加盈利，确定最后的投标报价。工程投标报价编制的一般程序如图 6-1 所示。

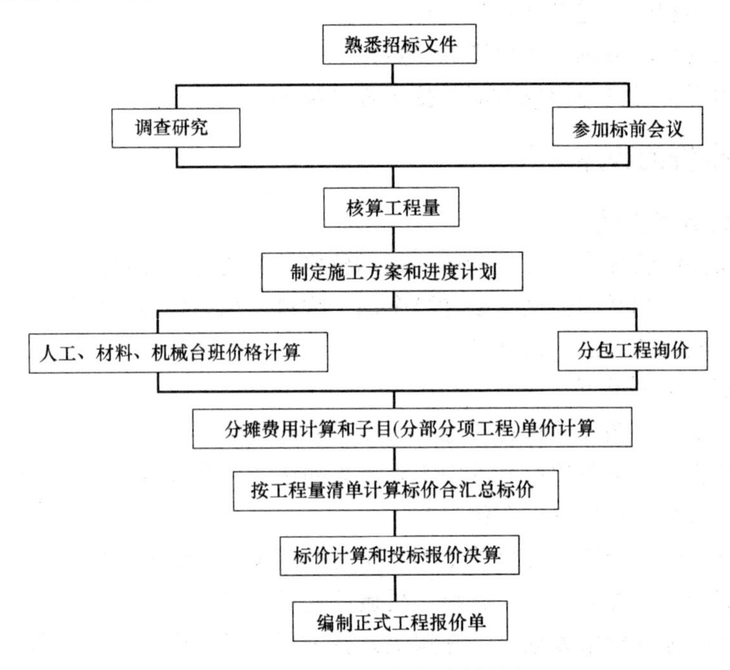

图 6-1　工程投标报价编制程序

6.3.3 投标报价的计价方法

根据原建设部107号令《建筑工程施工发包与承包计价管理办法》规定：施工图预算、招标标底和投标报价由成本（直接费、间接费）、利润和税金构成，其编制可以采用以下计价方法：

（1）工料单价法。分部分项工程量的单价为直接费；直接费由人工、材料、机械的消耗量及其相应价格确定；间接费、利润和税金按照有关规定另行计算。

（2）综合单价法。分部分项工程量的单价为全费用单价；全费用单价综合计算完成分部分项工程所发生的直接费、间接费、利润和税金。

6.3.4 投标报价费用组成

投标报价的费用组成参见1.2中1.2.2的相关内容。

6.4 工程投标决策

6.4.1 投标决策的原则

所谓决策就是人们寻求并实现某种最优化目标及选择最佳的目标和行动方案而进行的活动。投标决策是承包商选择和确定投标项目和制定投标行动方案的过程。

为保证投标决策的科学性，在进行投标决策时，必须遵守一定的原则。

（1）目标性。投标的目的是实现投标人的某种目的，因此投标前投标人应首先明确投标目标，如获取盈利、占领市场等，只有这样投标才能有的放矢。

（2）系统化。决策中应从系统的角度出发，采用系统分析的方法，以实现整体目标最优化。

（3）信息化。决策应在充分占有信息基础上进行，只有最大限度地掌握项目特点、材料价格、人工费水平、发包人信誉、可能参与竞争的对手情况等信息，才能保证决策的科学性。

（4）预见性。投标决策的正确性取决于对投标竞争环境和未来市场环境预测的正确性。在投标决策中，必须首先对未来的市场状况及各影响要素的可能变化作出推测，这是进行科学的投标决策所必需的。

（5）针对性。投标人不仅要保证报价符合发包人目标，而且还要保证竞争的策略有较强的针对性，这样才可能取得投标胜利。

6.4.2 投标决策的内容

建设工程投标决策的内容主要包括三个层次，即：投标项目选择的决策、造价估算的决策、投标报价的决策。

1. 投标项目选择的决策

建设工程投标决策的首要任务，是在获取招标信息后，对是否参加投标竞争进行分析、论证，并作出抉择。

若项目对投标人来说基本上不存在什么技术、设备、资金和其他方面问题，或虽有技术、设备、资金和其他方面问题但可预见并已有了解决办法，就属于低风险标。低风险标实际上就是不存在什么未解决或解决不了的重大问题，没有什么大的风险的标。如果企业经济实力不强，投低风险标是比较恰当的选择。

若项目对投标人来说存在技术、设备、资金或其他方面未解决的问题，承包难度比较大，就属于高风险标。投高风险标，关键是要能想出办法解决好工程中存在的问题。如果问题解决好了，就可获得丰厚的利润，开拓出新的技术领域，锻炼出一支好的队伍，使企业素质和实力上一个台阶；如果问题解决得不好，企业的效益、声誉等都会受损，严重的可能会使企业出现亏损甚至破产。因此，投标人对投标进行决策时，应充分估计项目的风险度。

承包商决定是否参加投标，通常要综合考虑各方面的情况，比如承包商当前的经营状况和长远目标，参加投标的目的，影响中标机会的内部、外部因素等。一般说来，有下列情形之一的招标项目，承包商不宜选择投标：

（1）工程规模超过企业资质等级的项目。

（2）超越企业业务范围和经营能力之外的项目。

（3）企业当前任务比较饱满，而招标工程是风险较大或盈利水平较低的项目。

（4）企业劳动力、机械设备和周转材料等资源不能保证的项目。

（5）竞争对手在技术、经济、信誉和社会关系等方面具有明显优势的项目。

2. 造价估算的决策

投标项目的造价估算有两大特点：一是在投标项目的造价估算中应包括一定的风险费用；二是投标项目的造价估算应具体针对特定投标人的特定施工方案和施工进度计划。

因此，在投标项目的造价估算编制时，有一个风险费用确定和施工方案选择的决策工作。

（1）风险费用估算

在工程项目造价估算编制中应特别注意风险费用的决策。风险费用指的是工程施工中难以事先预见的费用，如果风险费用在实际施工中发生，则构成工程成本的组成部分；若在施工中没有发生，这部分风险费用就转化为企业的利润。所以，在实际工程施工中应尽量减少风险费用的支出，力争转化为企业的利润。

由于风险费用是事先无法具体确定的费用，估计过高就会降低中标概率；估计过低，一旦风险发生就会减少企业利润，甚至亏损。因此，确定风险费用的多少是一个复杂的决策，是工程项目造价估算决策的重要内容。

工程实践中统计数据表明，工程施工风险主要来自以下因素：

1）工程量计算的准确程度。工程量计算准确程度低，施工成本的风险就大。

2）单价估计的精确程度。直接成本是分项分部工程量与单价乘积的总和，单价估计不精确，风险就相应加大。

3）施工中自然环境的不可预测因素。如地震、气候和其他自然灾害，以及地质情况往往是不能完全在事前准确预见的，因此施工就存在着一定风险。

4）市场材料、人工、机械价格的波动因素。这些因素在不同的合同价格中风险虽不一样，但都存在用风险费用来补偿的问题。

5）国家宏观经济政策的调整。国家宏观经济政策的调整不是一个企业能完全估价得到的，而且这种调整一旦发生往往是企业不能抗拒的，因此投标项目的造价估算中也应考虑这部分风险。

6）其他社会风险。虽然发生概率很低，但有时也应作一定防范。

要精确估计风险费用，需要做大量工作。首先要识别风险，即找出对于某个特定的项目可能产生的风险有哪些，其次对这些风险发生的概率进行评估，然后制定出规避这些风险的具体措施。这些措施有的是只要加强管理就能实现的，有的则必须在事前或事后发生一定的费用。因此，要预先确定风险费用的数额必须经过详细的分析和计算。同时，风险发生的概率和规避风险的具体措施选择都必须进行认真的决策。

（2）施工方案决策

施工方案的选择不仅关系到质量好坏、进度快慢，而且最终都会直接或间接地影响到工程造价。所以，施工方案的决策，不是纯粹的技术问题，也是造价决策的重要内容。

有的施工方案能提高工程质量，虽然要增加成本，但能降低返工率，减少返工损失。反之，在满足招标文件要求的前提下，选择适当的施工方案，控制质量标准不要过高，虽然有可能降低成本，但返工率也可能因此而提高，从而费用也可能增加。增加的成本多还是减少的返工损失多，这需要进行详细的分析和决策。

有的施工方案能加快工程进度，虽然要增加抢工费，但进度加快，施工的固定成本能节约。反之，在满足招标文件要求的前提下，适当放慢进度，工人的劳动效率会提高，抢工费用也不会发生，直接费会节约，但工期延长，固定成本增加，总成本又会增加。因此也要进行详细的分析和决策。

3. 投标报价的决策

投标报价的决策包括宏观决策和微观决策，先进行宏观决策，再进行微观决策。

（1）报价的宏观决策

投标报价的宏观决策，指根据竞争环境，宏观上是采取报高价还是报低价的决策。

1）一般来说，有下列情形之一的，投标人可以考虑投标以追求效益为主，可报高价：

① 招标人对投标人特别满意，希望发包给本承包商的。

② 竞争对手较弱，而投标人与之相比有明显的技术、管理优势的。

③ 投标人在建任务虽饱满，但招标项目利润丰厚，值得且能实际承受超负荷运转的。

2）一般来说，有下列情形之一的，投标人可以考虑投标以保本为主，可报保本价：

① 招标工程竞争对手较多，投标人无明显优势的；投标人又有一定的市场或信誉上的目的。

② 投标人在建任务少，无后继工程，可能出现或已经出现部分窝工的。

3）一般来说，有下列情形之一的，投标人可以决定承担一定额度的亏损，报亏损价：

① 招标项目的强劲竞争对手众多，但投标人出于发展的目的志在必得的。

② 投标人企业已出现大量窝工，严重亏损，急需寻求支撑的。

③ 招标项目属于投标人的新市场领域，本承包商渴望打入的。

④ 招标工程属于投标人垄断的领域，而其他竞争对手强烈希望插足的。

必须注意的是，我国的有关建设法规都对低于成本价的恶意竞争进行了限制，因此对于国内工程来说，目前阶段是不能报亏损价的。

(2) 报价的微观决策

报价的微观决策，指根据报价的技巧具体确定每个分项工程是报高价还是报低价，以及报价的高低幅度。在同一工程造价估算中，单价高低一般根据下列具体情况确定：

1) 估计工程量将来增加的分项工程，单价可提高一些，否则报低一些。

2) 能先获得付款的项目（如土方、基础工程等），单价可报高一些，否则报低一些。

3) 对做法说明明确的分项工程，单价应报高一些。反之，图纸不明确或有错误，估计将来要修改的分项工程，单价可报低一些，一旦图纸修改可以重新定价。

4) 没有工程量，只填报单价的项目（如土方工程中的水下挖土、挖湿土等备用单价），其单价要高一些，这样做也不影响投标总价。

5) 暂定施工内容要具体分析，将来肯定要做的单价可适当提高，如果工程分标，该施工内容可能由其他承包商施工时，则不宜报高价。

在进行以上调整时，若同时保持投标报价总量不变，则这种报价方法称为不平衡报价法。这种报价方法是在不影响报价的竞争力的前提下，谋取更大的经济效益。但各项目价格的调整需掌握在合理的幅度内，以免引起招标人的反感，甚至被确定为废标，遭受不应有的损失。

7 水暖工程结算的编制与审查

7.1 水暖工程结算文件的组成

7.1.1 基本要求

（1）工程造价咨询企业和工程造价专业人员在进行结算编制和结算审查时，必须严格执行国家相关法律、法规和有关制度，拒绝任何一方违反法律、法规、社会公德，影响社会经济秩序和损害公共或他人利益的要求。

（2）工程造价咨询企业和工程造价专业人员在进行工程结算编制和工程结算审查时，应遵循发承包双方的合同约定，维护合同双方的合法权益。认真恪守职业道德、执业准则，依据有关职业标准公正、独立地开展工程造价咨询服务工作。

（3）工程造价咨询企业承担工程结算的编制与审查应以平等、自愿、公平和诚实信用的原则订立工程造价咨询服务合同。工程造价咨询企业应依据合同约定向委托方收取咨询费用，严禁向第三方收取费用。

（4）工程造价咨询企业和工程造价专业人员在进行结算编制和结算审查时，应依据工程造价咨询服务合同约定的工作范围和工作内容开展工作，严格履行合同义务，做好工作计划和工作组织，掌握工程建设期间政策和价款调整的有关因素，认真开展现场调研，全面、准确、客观地反映建设项目工程价款确定和调整的各项因素。

（5）工程造价咨询企业和工程造价专业人员承担工程结算编制时，严禁弄虚作假、高估冒算，提供虚假的工程结算报告。

（6）工程造价咨询企业和工程造价专业人员承担工程结算审查时，严禁滥用职权、营私舞弊、敷衍了事，提供虚假的工程结算审查报告。

（7）工程造价咨询企业承担工程结算编制业务，应严格履行合同，及时完成合同约定范围内的一切工作，其成果文件应得到委托人的认可。

（8）工程造价咨询企业承担工程结算审查，其成果文件一般应得到审查委托人、结算编制人和结算审查受托人以及建设单位共同认可，并签署“结算审定签署表”。确因非常原因不能共同签署时，工程造价咨询单位应单独出具成果文件，并承担相应法律责任。

（9）工程造价专业人员在进行工程结算审查时，应独立地开展工作，有权拒绝其他人员的修改和其他要求，并保留其意见。

（10）工程结算编制应采用书面形式，有电子文本要求的应一并报送与书面形式内容一致的电子版本。

（11）工程结算应严格按工程结算编制程序进行编制，做到程序化、规范化，结算资料必须完整。

（12）结算编制或审核委托人应与委托人在咨询服务委托合同内约定结算编制工作的所需时间，并在约定的期限内完成工程结算编制工作。合同未作约定或约定不明的，结算编制或审核受托人应以财政部、原建设部联合颁发的《建设工程价款结算暂行办法》（财建【2004】369号）第十四条有关结算期限规定为依据，在规定期限内完成结算编制或审查工作。结算编制或审查受委托人未在合同约定或规定期限内完成，且无正当理由延期的，应当承担违约责任。

7.1.2 结算编制文件组成

（1）工程结算文件一般应由封面、签署页、工程结算汇总表、单项工程结算汇总表、单位工程结算表和工程结算编制说明等组成。

（2）工程结算文件的封面应包括工程名称、编制单位等内容。工程造价咨询企业接受委托编制的工程结算文件应在编制单位上签署企业执业印章。

（3）工程结算文件的签署页应包括编制、审核、审定人员姓名及技术职称等内容，并应签署造价工程师或造价员执业或从业印章。

（4）工程结算汇总表、单项工程结算汇总表、单位工程结算表等内容应按本规程第4章规定的内容详细编制。

（5）工程结算编制说明可根据委托工程的实际情况，以单位工程、单项工程或建设项目为对象进行编制，并应说明以下内容：

1）工程概况。

2）编制范围。

3）编制依据。

4）编制方法。

5）有关材料、设备、参数和费用说明。

6）其他有关问题的说明。

（6）工程结算文件提交时，受托人应当同时提供与工程结算相关的附件，包括所依据的发承包合同调价条款、设计变更、工程洽商、材料及设备定价单、调价后的单价分析表等与工程结算相关的其他书面证明材料。

7.1.3 结算审查文件组成

（1）工程结算审查文件一般由封面、签署页、工程结算审查报告、工程结算审定签署表、工程结算审查汇总对比表（表7-1）、单项工程结算审查汇总对比表（表7-2）、单位工程结算审查对比表（表7-3）等组成。

（2）工程结算审查文件的封面应包括工程名称、编制单位等内容。工程造价咨询企业接受委托编制的工程结算审查文件应在编制单位上签署企业执业印章。

（3）工程结算审查文件的签署页应包括编制、审核、审定人员姓名及技术职称等内容，并应签署造价工程师或造价员执业或从业印章。

（4）工程结算审查报告可根据该委托工程项目的实际情况，以单位工程、单项工程或建设项目为对象进行编制，并应说明以下内容：

工程结算审查汇总对比表　　**表 7-1**

项目名称：　　金额单位：元

序号	单项工程名称	报审结算金额	审定结算金额	调整金额	备注
	合计				

编制人：　　审核人：　　审定人：

单项工程结算审查汇总对比表　　**表 7-2**

单项工程名称：　　金额单位：元

序号	单位工程名称	原结算金额	审查后金额	调整金额	备注
	合计				

编制人：　　审核人：　　审定人：

单位工程结算审查汇总对比表　　　　表 7-3

单位工程名称：　　　　金额单位：元

序号	专业工程名称	原结算金额	审查后金额	调整金额	备注
1	分部分项工程费合计				
2	措施项目费合计				
3	其他项目费合计				
4	零星工作费合计				
	合计				

编制人：　　　　审核人：　　　　审定人：

1）概述。

2）审查范围。

3）审查原则。

4）审查依据。

5）审查方法。

6）审查程序。

7）审查结果。

8）主要问题。

9）有关建议。

（5）工程结算审定结果签署表由结算审查受托人编制，并由结算审查委托人、结算编制人和结算审查受托人签字盖章，当结算编制委托人与建设单位不一致时，按工程造价咨询合同要求或结算审查委托人的要求在结算审定签署表上签字盖章。

7.2　水暖工程结算的编制

7.2.1　编制程序

（1）工程结算编制应按准备、编制和定稿三个工作阶段进行，并应实行编制人、审核人而后审定人分别署名盖章确认的编审签署制度。

(2) 工程结算编制准备阶段主要工作包括：

1) 收集与工程结算相关的编制依据。

2) 熟悉招标文件、投标文件、施工合同、施工图纸等相关资料。

3) 掌握工程项目发承包方式、现场施工条件、应采用的工程评价标准、定额、费用标准、材料价格变化等情况。

4) 对工程结算编制依据进行分类、归纳、整理。

5) 召集工程结算人员对工程结算涉及的内容进行核对、补充和完善。

(3) 工程结算编制阶段主要工作包括：

1) 根据工程施工图或竣工图以及施工组织设计进行现场踏勘，并做好书面或摄影记录。

2) 按招标文件、施工合同约定方式和相应的工程量计算规则计算部分分项工程项目、措施项目或其他项目的工程量。

3) 按招标文件、施工合同规定的计价原则和计价办法对分部分项工程项目、措施项目或其他项目进行计价。

4) 对于工程量清单或定额缺项以及采用新材料、新设备、新工艺，应根据施工过程的合理消耗和市场价格，编制综合单价或单价估价分析表。

5) 工程索赔应按合同约定的索赔处理原则、程序和计算方法，提出索赔费用。

6) 汇总计算工程费用，包括编制分部分项工程费、措施项目费、其他项目费、规费和税金，初步确定工程结算价格。

7) 编写编制说明。

8) 计算和分析主要技术经济指标。

9) 工程结算编制人编制工程结算的初步成果文件。

(4) 工程结算编制定稿阶段主要工作包括：

1) 工程结算审核人对初步成果文件进行审核。

2) 工程结算审定人对审核后的初步成果进行审定。

3) 工程结算编制人、审核人、审定人分别在工程结算成果文件上署名，并应签署造价工程师或造价员执业或从业印章。

4) 工程结算文件经编制、审核、审定后，工程造价咨询企业的法定代表人或其授权人在成果文件上签字或盖章。

5) 工程造价咨询企业在正式的工程结算文件上签署工程造价咨询企业执业印章。

(5) 工程结算编制人、审核人、审定人应各尽其职，其职责和责任分别为：

1) 工程结算编制人员按其专业分别承担其工作范围内的工作结算相关编制依据收集、整理工作，编制相应的初步成果文件，并对其编制的成果文件质量负责。

2) 工程审核人员应由专业负责人或技术负责人担任，对其专业范围内的内容进行审核，并对其审核专业的工程结算成果文件的质量负责。

3) 工程审定人员应由专业负责人或技术负责人担任，对其工程结算的全部内容进行审定，并对工程结算成果文件的质量负责。

7.2.2 编制依据

(1) 工程结算编制依据是指编制工程结算时需要工程计量、价格确定、工程计价有关参数、率值确定的基础资料。

(2) 工程结算的编制依据主要有以下几个方面：

1) 建设期内影响合同价格的法律、法规和规范性文件。

2) 施工合同、专业分包合同及补充合同，有关资料、设备采购合同。

3) 与工程结算编制相关的国务院建设行政主管部门以及各省、自治区、直辖市和有关部门发布的建设工程造价计价标准、计价方法、计价定额、价格信息、相关规定等计价依据。

4) 招标文件、投标文件。

5) 工程施工图或竣工图、经批准的施工组织设计、设计变更、工程洽商、索赔与现场签证，以及相关的会议纪要。

6) 工程材料及设备中标价、认价单。

7) 双方确认追加（减）的工程价款。

8) 经批准的开、竣工报告或停、复工报告。

9) 影响工程造价的其他相关资料。

7.2.3 编制原则

(1) 工程结算按工程的施工内容或完成阶段，可分竣工结算、分阶段工程结算、合同中止结算和专业分包结算等形式进行编制。

(2) 工程结算的编制应对应相应的施工合同进行编制。当合同范围内涉及整个建设项目的，应按建设项目组成，将各单位工程汇总为单项工程，再将各单项工程汇总为建设项目，编制相应的建设项目工程结算成果文件。

(3) 实行分阶段结算的建设项目，应按合同要求进行分阶段结算，出具各阶段工程结算成果文件。在竣工结算时，将各阶段工程结算汇总，编制相应的竣工结算成果文件。

(4) 除合同另有约定外，分阶段结算的工程项目，其工程结算文件用于价款支付时，应包括下列内容：

1) 本周期已完成工程的价款。

2) 累计已完成的工程价款。

3) 累计已支付的工程价款。

4) 本周期已完成计日工金额。

5) 应增加和扣减的变更金额。

6) 应增加和扣减的索赔金额。

7) 应抵扣的工程预付款。

8) 应扣减的质量保证金。

9) 根据合同应增加和扣减的其他金额。

10) 本付款周期应支付的工程价款。

(5) 进行合同中止结算时，应按已完工程的实际工程量和施工合同的有关约定，编制合同中止结算。

(6) 实行专业分包结算的工程项目，应按专业分包合同的要求，对各专业分包分别编制工程结算。总承包人应按工程总承包合同的要求将各专业分包结算汇总在相应的单位工程或单项工程结算内，进行工程总承包结算。

（7）工程结算的编制应区分施工合同类型及工程结算的计价模式采用的工程结算编制方法。

1）施工合同类型按计价方式应分为总价合同、单价合同、成本加酬金合同。

2）工程结算的计价模式应分为单价法和实物量法，单价法分为定额单价法和工程量清单单价法。

（8）工程结算编制时，采用总价合同的，应在合同价基础上对设计变更、工程洽商以及工程索赔等合同约定可以调整的内容进行调整。

（9）工程结算编制时，采用单价合同的，工程结算的工程量应按照经发承包双方在施工合同中约定应予计量且实际完成的工程量确定，并依据施工合同中约定的方法对合同价款进行调整。

（10）工程结算编制时，采用成本加酬金合同的，应依据合同约定方法计算各个分部分项工程以及设计变更、工程洽商、施工措施等内容的工程成本，并计算酬金及有关税费。

（11）工程结算采用工程量清单计价的工程费用应包括：

1）分部分项工程费。

2）措施项目费。

3）其他项目费。

4）规费。

5）税费。

（12）工程结算采用定额计价的工程费用应包括：

1）直接工程费。

2）措施费。

3）企业管理费。

4）利润。

5）规费。

6）税金。

7.2.4 编制方法

（1）采用工程量清单计价方式计价的工程，一般采用单价合同，应按工程量清单单价编制工程结算。

（2）分部分项工程费应依据施工合同相关约定以及实际完成的工程量、投标时的综合单价等进行计算。

（3）工程结算编制时原招标工程量清单描述不清或项目特征发生变化，以及变更工程、新增工程的综合单价应按下列方法确定：

1）合同中已有适用的综合单价，应按已有的综合单价确定。

2）合同中有类似的综合单价，可参照类似的综合单价确定。

3）合同中没有适度或类似的综合单价，由承包人提出综合单价等，经发包人确认后执行。

（4）工程结算编制时措施项目费应依据合同约定的项目和金额计算，发生变更、新增的措施项目，以发承包双方合同约定的计价方式计算，其中措施项目清单中的安全文明施工费用应按照国家或省级、行业建设主管部门的规定计算。施工合同中未约定措施项目费结算方法时，措施项目费可按以下方法结算：

1）与分部分项实体消耗相关的措施项目，应随该分部分项工程的实体工程量的变化，依据双方确定的工程量、合同约定的综合单价进行结算。

2）独立性的措施项目，应充分体现其竞争性，一般应固定不变，按合同中相应的措施项目费用进行结算。

3）与整个建设项目相关的综合取定的措施项目费用，可参照投标时的取费基数及费率进行结算。

（5）其他项目费应按以下方法进行结算：

1）计日工按发包人实际签证的数量和确认的事项进行结算。

2）暂估价中的材料单价按发承包双方最终确认价在分部分项工程费中对相应综合单价进行调整，计入相应的分部分项工程费用。

3）专业工程结算价应按中标价或发包人、承包人与分包人最终确认的分包工程价进行结算。

4）总承包服务费应依据合同约定的结算方式进行结算。

5）暂列金额应按合同约定计算实际发生的费用，并分别列入相应的分部分项工程费、措施项目费中。

（6）招标工程量清单漏项、设计变更、工程洽商等费用应依据施工图，以及发承包双方签证资料确认的数量和合同约定的计价方式进行结算，其费用列入相应的分部分项工程费或措施项目费中。

（7）工程索赔费用应依据发承包双方确认的索赔事项和合同约定的计价方式进行结算，其费用列入相应的分部分项工程费或措施项目费中。

（8）规费和税金应按国家、省级或行业建设主管部门的规定计算。

7.3 水暖工程结算的审查

7.3.1 审查程序

（1）工程结算审查应按准备、审查和审定三个工作阶段进行，并实行审查编制人、审核人和审定人分别署名盖章确认的审核签署制度。

（2）工程结算审查准备阶段主要包括以下工作内容：

1）审查工程结算书序的完备性、资料内容的完整性，对不符合要求的应退回，限时补正。

2）审查计价依据及资料与工程结算的相关性、有效性。

3）熟悉施工合同、招标文件、投标文件、主要材料设备采购合同及相关文件。

4）熟悉竣工图纸或施工图纸、施工组织设计、工程概况，以及设计变更、工程洽商和工程索赔情况等。

5）掌握工程量清单计价规范、工程预算定额等与工程相关的国家和当地建设行政主管部门发布的工程计价依据及相关规定。

（3）工程结算审查阶段主要包括以下工作内容：

1）审查工程结算的项目范围、内容与合同约定的项目范围、内容一致性。

2）审查分部分项工程项目、措施项目或其他项目工程量计算准确性、工程量计算规则与计价规范保持一致性。

3）审查分部分项综合单价、措施项目或其他项目时应严格执行合同约定或现行的计价原则、方法。

4）对于工程量清单或定额缺项以及新材料、新工艺，应根据施工过程中的合理消耗和市场价格，审核结算综合单价或单位估价分析表。

5）审查变更签证凭证的真实性、有效性，核准变更工程费用。

6）审查索赔是否依据合同约定的索赔处理原则、程序和计算方法以及索赔费用的真实性、合法性、准确性。

7）审查分部分项工程费、措施项目费、其他项目费或定额直接费、措施费、规费、企业管理费、利润和税金等结算价格时，应严格执行合同约定或相关费用计取标准及有关规定，并审查费用计取依据的时效性、相符性。

8）提交工程结算审查初步成果文件，包括编制与工程结算相对应的工程结算审查对比表，待校对、复核。

（4）工程结算审定阶段

1）工程结算审查初稿编制完成后，应召开由工程结算编制人、工程结算审查委托人及工程结算审查人共同参加的会议，听取意见，并进行合理的调整。

2）由工程结算审查人的部门负责人对工程结算审查的初步成果文件进行检查校对。

3）由工程结算审查人的审定人审核批准。

4）发承包双方代表人或其授权委托人和工程结算审查单位的法定代表人应分别在“工程结算审定签署表”上签认并加盖公章。

5）对工程结算审查结论有分歧的，应在出具工程结算审查报告前至少组织两次协调会；凡不能共同签认的，审查人可适时结束审查工作，并作出必要说明。

6）在合同约定的期限内，向委托人提交经工程结算审查编制人、校对人、审核人签署执业或从业印章，以及工程结算审查人单位盖章确认的正式工程结算审查报告。

（5）工程结算审查编制人、审核人、审定人的各自职责和人物分别为：

1）工程结算审查编制人员按其专业分别承担其工作范围内的工程结算相关编制依据收集、整理工作，编制相应的初步成果文件，并对其编制的成果文件质量负责。

2）工程结算审查审核人员应由专业负责人或技术负责人担任，对其专业范围内的内容进行校对、复核，并对其审核专业内的工程结算审查成果文件的质量负责。

3）工程结算审定审核人员应由专业负责人担任，对工程审查的全部内容进行审定，并对工程审查成果文件的质量负责。

7.3.2 审查依据

（1）工程结算审查依据指委托合同和完整、有效的工程结算文件。

（2）工程结算审查的依据主要有以下几个方面：

1）建设期内影响合同价格的法律、法规和规范性文件。

2）工程结算审查委托合同。

3）完整、有效的工程结算书。

4）施工合同、专业分包合同及补充合同，有关材料、设备采购合同。

5）与工程结算编制相关的国务院建设行政主管部门以及各省、自治区、直辖市和有关部门发布的建设工程造价计价标准、计价方法、计价定额、价格信息、相关规定等计价依据。

6）招标文件、投标文件。

7）工程施工图或竣工图、经批准的施工组织设计、设计变更、工程洽商、索赔与现场签证，以及相关的会议纪要。

8）工程材料及设备中标价、认价单。

9）双方确认追加（减）的工程价款。

10）经批准的开、竣工报告或停、复工报告。

11）工程结算审查的其他专项规定。

12）影响工程造价的其他相关资料。

7.3.3 审查原则

（1）工程价款结算审查按工程的施工内容或完成阶段分类，其形式包括竣工结算审查、分阶段结算审查、合同中止结算审查和专业分包结算审查。

（2）建设项目由多个单项工程或单位工程构成的，应按建设项目划分标准的规定，分别审查各单项工程或单位工程的竣工结算，将审定的工程结算汇总，编制相应的工程结算审查成果文件。

（3）分阶段结算审查的工程，应分别审查各阶段工程结算，将审定结算汇总，编制相应的工程结算审查成果文件。

（4）除合同另有约定外，分阶段结算的支付申请文件应审查一下内容：

1）本周期已完成工程的价款。

2）累积已完成的工程价款。

3）累计已支付的工程价款。

4）本周期已完成计日工金额。

5）应增加和扣减的变更金额。

6）应增加和扣减的索赔金额。

7）应抵扣的工程预付款。

8）应扣减的质量保证金。

9）根据合同应增加和扣减的其他金额。

10）本付款周期实际应支付的工程价款。

（5）合同中止工程的结算审查，应按发包人和承包人认可的已完成工程的实际工程量和施工合同的有关规定进行审查。合同中止结算审查方法基本同竣工结算的审查方法。

（6）专业分包工程的结算审查，应在相应的单位工程或单项工程结算内分别审查各专业分包工程结算，并按分包合同分别编制专业分包工程结算审查成果文件。

（7）工程结算审查应区分施工发承包合同类型及工程结算的计价模式，采用相应的工程结算审查方法。

（8）审查采用总价合同的工程结算时，应审查与合同所约定结算编制方法的一致性，按照合同约定可以调整的内容，在合同价基础上对调整的设计变更、工程洽商以及工程索赔等合同约定可以调整的内容进行审查。

（9）审查采用单价合同的工程结算时，应审查按照竣工图或施工图以内的各个分部分项工程量计算的准确性，依据合同约定的方式审查分部分项工程项目价格，并对设计变更、工程洽商、施工措施以及工程索赔等调整内容进行审查。

（10）审查采用成本加酬金合同的工程结算时，应依据合同约定的方法审查各个分部分项工程以及设计变更、工程洽商、施工措施内容的工程成本，并审查酬金及有关税费的取定。

（11）采用工程量清单计价的工程结算审查应包括：

1）工程项目所有分部分项工程量，以及实施工程项目采用的措施项目工程量；为完成所有工程量并按规定计算的人工费、材料费和施工机械使用费、企业管理利润，以及规费和税金取定的准确性。

2）对分部分项工程和措施项目以外的其他项目所需计算的各项费用进行审查。

3）对设计变更和工程变更费用依据合同约定的结算方法进行审查。

4）对索赔费用依据相关签证进行审查。

5）合同约定的其他费用的审查。

（12）工程结算审查应按照与合同约定的工程价款调整方式对原合同价款进行审查，并应按照分部分项工程费、措施项目费、其他项目费、规费、税金项目进行汇总。

（13）采用预算定额计价的工程结算审查应包括：

1）套用定额的分部分项工程量、措施项目工程量和其他项目，以及为完成所有工程量和其他项目并按规定计算的人工费、材料费、机械使用费、规费、企业管理费、利润和税金与合同约定的编制方法的一致性，计算的准确性。

2）对设计变更和工程变更费用在合同价基础上进行审查。

3）工程索赔费用按合同约定或签证确认的事项进行审查。

4）合同约定的其他费用的审查。

7.3.4 审查方法

（1）工程结算的审查应依据施工发承包合同约定的结算方法进行，根据施工发承包合同类型，采用不同的审查方法。本节审查方法主要适用于采用单价合同的工程量清单单价法编制竣工结算的审查。

（2）审查工程结算，除合同约定调整的方法外，对分项分部工程费用的审查应依据施工合同相关约定以及实际完成的工程量、投标时的综合单价等进行计算。

（3）工程结算审查时，对原招标工程量清单描述不清或项目特征发生变化，以及变更工程、新增工程中的综合单价应按下列方法确定：

1）合同中已有适用的综合单价，应按已有的综合单价确定。

2）合同中有类似的综合单价，可参照类似的综合单价确定。

3）合同中没有适用或类似的综合单价，由承包人提供综合单价，经发包人确认后执行。

（4）工程结算审查中涉及措施项目费用的调整时，措施项目费应依据合同约定的项目和金额计算，发生变更、新增的措施项目，以发承包双方合同约定的计价方式计算，其中措施项目清单中的安全文明施工费用应审查是否按照国家或省级、行业建设主管部门的规定计算。施工合同中未约定措施项目费结算方法时，措施项目费可参照下列方法审查：

1）审查与分部分项实体消耗相关的措施项目，应随该分部分项工程的实体工程量的变化，是否依据双方确定的工程量、合同约定的综合单价进行结算。

2）审查独立性的措施项目是否按合同价中相应的措施项目费用进行结算。

3）审查与整个建设项目相关的综合取定的措施项目费用是否参照投标报价的取费基数及费率进行结算。

（5）工程结算审查涉及其他项目费用的调整时，按下列方法确定：

1）审查计日工是否按发包人实际签证的数量、投标时的计时工单价，以及确认的事项进行结算。

2）审查暂估价中的材料单价是否按发承包双方最终确认价在分部分项工程费中相应综合单价进行调整，计入相应的分部分项费用。

3）对专业工程结算价的审查应按中标价或分包人、承包人与发包人最终确认的分包工程价进行结算。

4）审查总承包服务费是否依据合同约定的结算方式进行结算，以总价方式固定的总承包服务费不予调整，以费率形式确定的总承包服务费，应按专业分包工程中标价或分包人、承包人与发包人最终确认的分包工程价为基数和总承包单位的投标费率计算总承包服务费。

5）审查暂列金额是否按合同约定计算实际发生的费用，并分别列入相应的分部分项工程费、措施项目费中。

（6）招标工程量清单的漏项、设计变更、工程洽谈等费用应依据施工图以及发承包双方签证资料确认的数量和合同约定的计价方式进行结算，其费用列入相应的分部分项工程费或措施项目费中。

（7）工程结算审查中涉及索赔费用的计算时，应依据发承包双方确认的索赔事项和合同约定的计价方式进行结算，其费用列入相应的分部分项工程费或措施项目费中。

（8）工程结算审查中涉及规费和税金的计算时，应按国家、省级或行业建设主管部门的规定计算并调整。

参 考 文 献

[1] 国家标准.《建设工程工程量清单计价规范》(GB 50500—2013)[S]. 北京:中国计划出版社,2013.

[2] 国家标准.《通用安装工程工程量计算规范》(GB 50856—2013)[S]. 北京:中国计划出版社,2013.

[3] 国家标准.《建设工程计价计量规范辅导》[M]. 北京:中国计划出版社,2013.

[4] 法制出版社编著. 中华人民共和国招标投标法实施条例[国务院令(第613号)][M]. 北京:中国法制出版社,2012.

[5] 郝林,郝瑛编著. 工程招投标原理及应用[M]. 北京:中国电力出版社,2011.

[6] 谢颖,曲恒绪主编. 给排水工程造价与招投标[M]. 北京:中国水利水电出版社,2010.

[7] 赵莹华主编. 水暖及通风空调工程招投标与预决算[M]. 北京:化学工业出版社,2010.